干式空心电抗器故障原因分析及防范技术措施

崔志刚　王永红　钱国超　等　著

科学出版社

北　京

内 容 简 介

　　本书通过对大量干式空心电抗器的故障解体探查、设计原理及结构特征分析、制造能力调查，对影响干式空心电抗器使用寿命的过热问题、受力问题、设计结构和制造工艺等问题，做了深入浅出的研究分析，揭示了电抗器频繁发生故障的基本成因，并从设备选型、运行维护、退役等全寿命周期的角度提出了全面的防控技术措施。

　　本书可供电气设备制造单位及电力系统运行维护人员使用，也可供希望了解干式空心电抗器的相关人员参考。

图书在版编目(CIP)数据

干式空心电抗器故障原因分析及防范技术措施 / 崔志刚等著. — 北京：科学出版社，2019.11
ISBN 978-7-03-060650-1

Ⅰ.①干… Ⅱ.①崔… Ⅲ.①空心电抗器-故障诊断 Ⅳ.①TM470.7

中国版本图书馆 CIP 数据核字 (2019) 第 037606 号

责任编辑：张　展　叶苏苏 / 责任校对：彭　映
责任印制：罗　科 / 封面设计：墨创文化

科 学 出 版 社 出版
北京东黄城根北街16号
邮政编码：100717
http://www.sciencep.com

四川煤田地质制图印刷厂印刷
科学出版社发行　各地新华书店经销
*

2019 年 11 月第　一　版　开本：B5（720×1000）
2019 年 11 月第一次印刷　印张：10 1/4
字数：210 000

定价：149.00 元
(如有印装质量问题，我社负责调换)

编辑委员会

主要著者： 崔志刚　　王永红　　钱国超

其他著者： 彭庆军　　颜　冰　　陈宇民　　马　仪

程志万　　周仿荣　　黄　星　　邹德旭

张恭源　　马宏明　　黄　然　　侯亚非

孙董军　　金　皓　　钟剑明　　翟　兵

彭兆裕　　刘光祺　　黑颖顿　　马御棠

杨明昆　　何　顺　　周兴梅

前　言

20 世纪 60 年代，加拿大 TRENCH 公司研制出了环氧浸渍玻璃纤维包封的干式空心电抗器，其具有起始电压分布均匀、线性度好、动热稳定性好、参数稳定、损耗小、噪声低、机械强度高、维护简单等特点，同时可满足电网无油化的发展趋势。20 世纪 80 年代，国内开始使用进口干式空心电抗器；20 世纪 90 年代，国内开始研制并生产干式空心电抗器，现已有数十家具有一定生产规模的厂家。

近年来，随着干式空心电抗器应用的增加，其正常运行中烧损事故频繁发生，已经给电力系统的安全稳定运行带来许多问题。针对单丝线大容量干式空心并联电抗器频繁发生匝间短路烧损问题，本书通过对电抗器设计、结构、制造工艺等方面的研究，提出了电抗器结构复杂度的分析方法，揭示了大容量电抗器的高复杂度是导致其频繁发生匝间短路烧损的主要原因，解决了一直以来困扰行业的电抗器故障原因不明确问题。利用光纤光栅技术，首次在 35kV 20000kvar 成型换位线电抗器上进行了包封绝缘内侧直接测得最高温度的热点温升及应力变化测量试验，实现了大容量电抗器热点温升及应力变化的直接测量，测出了传统表面插入法测温的热点温度偏低 10K 及应力变化方向。解决了行业中一直不能准确测知热点温度及应力变化的问题。针对电抗器匝间绝缘材料老化问题，开展了基于 X 射线衍射技术、空间电荷测量技术及扫描电镜技术的电抗器匝间绝缘材料老化特性综合分析研究，揭示了电抗器匝间绝缘材料随温度升高、时间增加而加剧老化的特性，解决了电抗器匝间绝缘材料选择问题。

干式空心电抗器频繁发生故障的现实，长期困扰着电抗器用户及其制造企业，不同厂家、不同批次在不同地点投入使用的电抗器，都相继发生了烧损故障。本书通过长期对电抗器制造、使用环节的研究分析，找出了电抗器在制造环节存在的主要问题，并提出了治理措施。在此把主要研究内容整理编写于此，"抛砖引玉"，为致力于干式空心电抗器研究、制造、运行维护的相关技术人员提供一个素材。

由于编者水平有限，书中如有不当之处，恳请读者批评指正。本书所有图表、数据都是作者长期现场工作收集整理而来。本书中的机构、单位、变电站等真实名称均以字母代替。

目　　录

1 背 景

近年来，随着超高压、特高压大电网的建设，西电东送长距离输电的需要及电网处于无功平衡的需要，大量使用了 35～110kV 干式空心并联电抗器。但随着干式空心并联电抗器(以下简称电抗器)的大量投运，其缺陷也逐步暴露出来，如图 1-1 所示。

图 1-1   干式空心并联电抗器烧毁事故情况

某单位现有 38 个变电站装设了 415 台干式空心并联电抗器，其中 220kV 变电站 15 个，500kV 变电站 23 个。在 15 个 220kV 变电站中装设了：15000kvar 6 台、10000kvar 3 台、5000kvar 18 台、3333kvar 81 台、2333kvar 6 台，共计 124 台电抗器。在 23 个 500kV 变电站中装设了：20000kvar 216 台、15000kvar 63 台、10000kvar 12 台，共计 291 台电抗器。

干式空心并联电抗器烧损事故情况分布图如图 1-2 所示。

自 2001～2016 年，电抗器发生烧损故障共 34 台，平均烧损率为 11.8%。其中，年烧损最多的是 2010 年和 2015 年，各烧损 7 台。烧损最多的是 WSYS 变电站，共烧损 12 台。投运 3 年内烧损的台数占故障总台数的 58.8%。为了查明故障原因，提高电网运行安全，自 2006 年起开展了电抗器烧损原因的分析及防控技术研究工作。

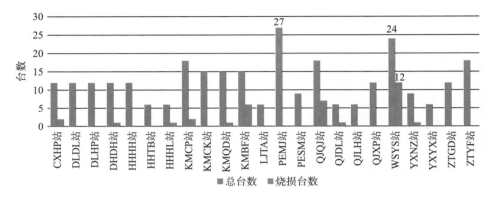

图 1-2　干式空心并联电抗器烧损事故情况分布图

2 故障原因探查

2.1 故障解体探查

以下是数年来部分烧损电抗器解体探查的部分典型故障痕迹图片。从中可以发现两个主要问题：高温过热匝间短路问题和开裂、分层结构强度受力问题。

QJQJ 变电站：2006 年 2 月 12 日，保护动作跳闸，1-3-B 烧损，如图 2-1 所示。制造厂：BJBD。出厂日期：2002 年 8 月。投运日期：2003 年 6 月。运行时间：两年 8 个月。烧损部位：第 11 包封绕组。

图 2-1 QJQJ 变电站干式空心并联电抗器烧毁事故

SHHS 变电站：2007 年 6 月 30 日，1-1-C 在运行过程中发生自燃着火，如图 2-2 所示。

图 2-2 SHHS 变电站干式空心并联电抗器烧毁事故

DHDH 变电站：2010 年 1 月 12 日 15 时 18 分，巡视发现，1-2-B 烧损，如图 2-3 所示。制造厂：XAZY。出厂日期：2008 年 5 月。投运日期：2008 年 9 月。运行时间：一年 4 个月。烧损部位：调匝环。

图 2-3　DHDH 变电站干式空心并联电抗器烧毁事故

WSYS 变电站：2010 年 2 月 23 日 10 时 53 分 24 秒，保护动作跳闸，2-2-A 烧损，如图 2-4 所示。制造厂：XAZY。出厂日期：2007 年 12 月。投运日期：2008 年 6 月。运行时间：20 个月。烧损部位：第 8 包封绕组。

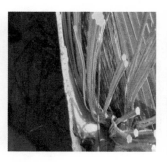

图 2-4　WSYS 变电站干式空心并联电抗器烧毁事故

WSYS 变电站：2010 年 3 月 1 日 0 时 12 分 54 秒，保护动作跳闸，2-3-B 烧损，如图 2-5 所示。制造厂：XAZY。出厂日期：2008 年 1 月。投运日期：2008 年 6 月。运行时间：20 个月。烧损部位：第 8 包封绕组。

WSYS 变电站：2010 年 3 月 9 日 20 时 2 分，现场巡查发现，2-2-A 电抗器冒烟，如图 2-6 所示。制造厂：XAZY。出厂日期：2008 年 2 月。投运日期：2010 年 3 月。运行时间：两分钟。烧损部位：调匝环烧损。

图 2-5 WSYS 变电站干式空心并联电抗器烧毁事故

图 2-6 WSYS 变电站干式空心并联电抗器烧毁事故

KMBF 变电站：2010 年 7 月 14 日 19 时 54 分 21 秒，保护动作跳闸，2-1-A 烧损，如图 2-7 所示。制造厂：XAZY。出厂日期：2000 年 10 月。投运日期：2002 年 8 月。运行时间：7 年 11 个月。烧损部位：第 6(12) 包封。

图 2-7 KMBF 变电站干式空心并联电抗器烧毁事故

WSYS 变电站：2011 年 3 月 21 日 11 时 47 分 51 秒，保护动作跳闸，1-2-A 烧损，如图 2-8 所示。制造厂：GZST。出厂日期：2010 年 8 月。投运日期：2011 年 1 月。运行时间：两个月。烧损部位：第 1 包封绕组。

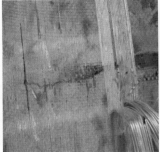

图 2-8　WSYS 变电站干式空心并联电抗器烧毁事故

CXHP 变电站：2012 年 2 月 15 日 1 时 4 分，保护动作跳闸，1-1-A 烧损，如图 2-9 所示。制造厂：XAZY。出厂日期：2007 年 10 月。投运日期：2007 年 12 月。运行时间：4 年两个月。烧损部位：未落实。

图 2-9　CXHP 变电站干式空心并联电抗器烧毁事故

WSYS 变电站：2012 年 6 月 11 日 13 时 34 分 55 秒，保护动作跳闸，1-1-B 烧损，如图 2-10 所示。制造厂：GZST。出厂日期：2010 年 8 月。投运日期：2011 年 1 月。运行时间：17 个月。烧损部位：第 1 包封。

图 2-10　WSYS 变电站干式空心并联电抗器烧毁事故

HHHL 变电站：2013 年 12 月 27 日 1 时 26 分，保护动作跳闸，1-1-B 烧损，如图 2-11 所示。制造厂：XJTB。出厂日期：2011 年 2 月。投运日期：2011 年 12 月。运行时间：两年。烧损部位：第 8 包封绕组。

图 2-11　HHHL 变电站干式空心并联电抗器烧毁事故

QJQJ 变电站：2015 年 1 月 5 日 12 时 7 分 0 秒，保护动作跳闸，1-1-C 烧损，如图 2-12 所示。制造厂：BJBD。出厂日期：2002 年 8 月。投运日期：2003 年 6 月。运行时间：12 年 7 个月。烧损部位：第 11 包封绕组。

KMQD 变电站：2015 年 1 月 6 日 15 时 44 分 10 秒，保护动作跳闸，1-2-A 烧损，如图 2-13 所示。制造厂：XAZY。出厂日期：2002 年 7 月。投运日期：2003 年 1 月。运行时间：12 年。烧损部位：第 11 包封绕组。

WSYS 变电站：2015 年 7 月 3 日 17 时 37 分 18 秒，保护动作跳闸，1-1-C 烧损，如图 2-14 所示。制造厂：GZST。出厂日期：2013 年 2 月。投运日期：2013

年 5 月。运行时间：两年两个月。烧损部位：第 13 包封绕组。

图 2-12　QJQJ 变电站干式空心并联电抗器烧毁事故

图 2-13　KMQD 变电站干式空心并联电抗器烧毁事故

图 2-14　WSYS 变电站干式空心并联电抗器烧毁事故

2.2　运行数据统计分析

从 23 个 500kV 变电站的大量运行数据中，分析出下列与烧损故障密切相关的几个参数。

1. 投切次数与故障关系

图 2-15 中 WSYS 变电站和 KMBF 变电站电抗器的烧损台数与电抗器投切次数存在正相关性。作为对比，PEMJ 变电站与 WSYS 变电站是同一时期建设，电抗器也是同一厂家、同一批次的产品，装设台数也基本一样。PEMJ 变电站的电

抗器年投切五六次，未发生一起烧损故障。QJQJ 变电站相关性不明显，主要是统计到的投切次数是 2009 年以后的，而其发生烧损主要是在 2003～2007 年，没能收集到当年的投切次数，近年来故障很少，投切次数也较少。HHHH、HHTB、HHHL3 个变电站也有一定出入，这 3 个变电站同属一个供电局，其维护工作较好，自 2010 年起每半年检测一次直阻，都能发生断股，并且补焊。

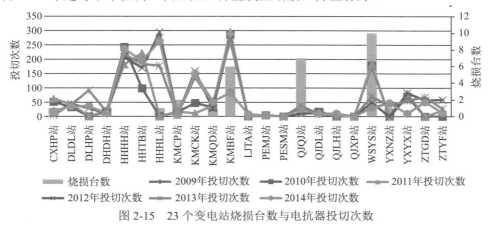

图 2-15　23 个变电站烧损台数与电抗器投切次数

投切次数由电网运行方式决定，不同时期不完全一样。若当时该变电站电压波动较大，则需要频繁投切电抗器进行调节。

2. 运行电压与故障的关系

电压偏高与电抗器烧损基本呈正相关性，如图 2-16 所示。QJQJ、WSYS、KMBF、CXHP 变电站运行电压偏高，其运行电压可达电抗器额定电压的 1.14 倍。KMCK 变电站运行电压低于额定电压，HHHH、HHTB 变电站运行电压只高出1.07 倍。

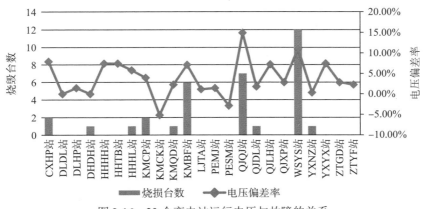

图 2-16　23 个变电站运行电压与故障的关系

3. 运行年限与故障的关系

电抗器运行年限与故障的关系如图 2-17 所示。

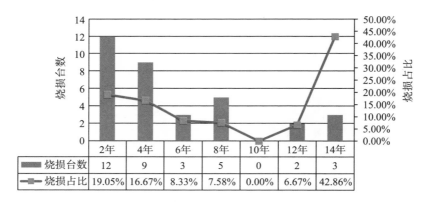

图 2-17　电抗器运行年限与故障的关系

从图 2-17 中可以看出，电抗器运行 14 年的故障率高达 42.86%。

4. 产品批次与故障的关系

产品批次与故障的关系如图 2-18 所示。

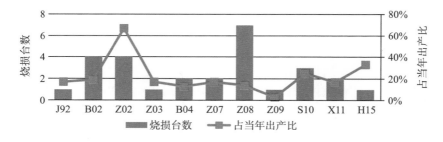

图 2-18　产品批次与故障的关系

由图 2-18 可知，产品批次与烧损故障密切相关，其中 Z02 产品故障率高达 67%。

2.3　结　　论

（1）从故障解体中看到的最终烧损痕迹，都是匝间短路后电流烧熔痕迹，有的甚至发生了吹弧过程。局部高温过热损伤匝间绝缘，引发匝间短路烧损电抗器。这些都是由于发热导致的损伤。

（2）包封开裂、分层，湿气水分侵入在绝缘薄弱处引发匝间短路烧损电抗器。这些显示出电抗器损伤存在机械力作用的痕迹。

（3）投切次数、运行电压、运行年限、产品批次与电抗器损坏密切相关。其中运行电压偏高主要是设计时考虑经济补偿度最优，未充分考虑电网的快速发展导致的无功过剩电压偏高，造成电抗器过载致其损坏。投切次数主要涉及电磁力及过电压问题。包封开裂分层也涉及电磁力问题。产品批次主要涉及制造质量。运行年限是客观存在的。

所以，本书主要从发热损伤和受力损伤等方面阐述其作用机理及防范措施。同时，编制了标准（见附录）对上述问题进行规范。

3　电抗器热点温升实测

为了研究大型电抗器实际温升情况，开展了电抗器包封内埋置光纤光栅测温元件与制造厂常规包封表面插贴式测量电抗器热点温升的比较分析研究。

3.1　传感器的研制与布设

3.1.1　传感器的研制

人们研制了一种对外加应力应变不敏感的可埋入式光纤光栅温度传感器，利用封装材料将光纤布拉格光栅(fiber Bragg grating，FBG)埋在传感器内部，悬空结构消除外加应力应变对布拉格波长的偏移值影响，并根据建立的光纤光栅温度传感器模型中温度变化量与布拉格波长的偏移值的对应关系，得到电抗器包封层具体测点的温度值。传感器埋入在干式空心电抗器中，传感器结构设计和材料选取有以下两点要求。

(1)传感器体积较小，且封装一体的材料呈矩形薄片状。

(2)传感器全部结构选用非金属材料。

图 3-1 所示为光纤布拉格光栅温度传感器结构图，该传感器由传感器外壳、敏感元件(光纤布拉格光栅)和连接光纤三部分组成。

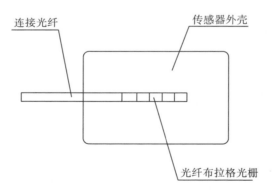

连接光纤　　　　　　　传感器外壳

光纤布拉格光栅

图 3-1　光纤布拉格光栅温度传感器结构图

由传感器的结构设计可知，该光纤布拉格光栅温度传感器的中心波长移位只与温度变化有关，不受外加应力应变影响。温度变化值 ΔT 与 FBG 中心波长漂移

量 $\Delta\lambda_B$ 的关系推导如下。

光纤光栅传感特性为

$$\lambda_B = 2n_{\text{eff}}\Lambda \tag{3-1}$$

其中，FBG 的布拉格波长随着有效折射率 n_{eff} 和栅距 Λ 的改变而改变，因此布拉格波长对于外界应力应变、热负荷等极为敏感。

当无外加应力和温度变化 ΔT 时，由热膨胀效应引起的 FBG 周期变化 $\Delta\lambda_B$ 为

$$\Delta\lambda_B = \alpha \cdot \lambda_B \cdot \Delta T \tag{3-2}$$

式中，α ——光纤材料的热膨胀系数。

由热光效应引起的有效折射率的变化 Δn_{eff} 为

$$\Delta n_{\text{eff}} = \zeta \cdot n_{\text{eff}} \cdot \Delta T \tag{3-3}$$

式中，ζ ——光纤的热光系数，表示折射率随温度的变化率。

由式(3-1)～式(3-3)得，在利用结构设计消除外加应力应变的基础上，光纤布拉格光栅温度传感器的布拉格波长与温度变化的关系为

$$\Delta\lambda_B / \lambda_B = (\alpha + \zeta) \cdot \Delta T = K_T \cdot \Delta T \tag{3-4}$$

式中，K_T ——FBG 的温度系数，具体数值通过传感器标定实验确定。对熔石英光纤来说，一般 $\alpha = 0.55 \times 10^{-6}/℃$，$\zeta = 6.67 \times 10^{-6}/℃$。

上式表明，在消除外加应力应变作用后，光纤布拉格光栅温度传感器的布拉格波长移位与温度变化呈线性关系。将该温度传感器埋于干式空心电抗器的测温位置，在运行状态下测得 FBG 温度传感器的布拉格波长移位，乘以特定的系数换算成温度变化量，再加上初始温度值即为测温点的温度，从而实现干式空心电抗器温度的测量。图 3-2 所示为 FBG 温度传感器的实物图。

图 3-2　FBG 温度传感器的实物图

采用恒温箱对光纤布拉格光栅温度传感器的温度特性进行标定，并对每一个温度传感器进行温度响应测试。根据数据拟合出温度传感器的温度计算公式为

$$\Delta T = \left(\lambda_1 - \lambda_0 \right) / K_T \tag{3-5}$$

式中，ΔT——温度变化量(℃)；

λ_1——光纤布拉格光栅当前的波长值(nm)；

λ_0——光纤布拉格光栅初始的波长值(nm)。

温度每隔 10℃变化一次，温度范围为 0～140℃，FBG 温度传感器的布拉格波长均随温度变化而变化。

图 3-3 所示为光纤布拉格光栅温度传感仪表检测连接原理图，图 3-4 所示为温度传感器标定平台。

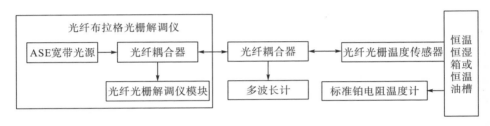

图 3-3 光纤布拉格光栅温度传感仪表检测连接原理图

图 3-4 温度传感器标定平台

相关技术指标计算如下。

①光纤布拉格光栅温度传感仪表示值误差为

$$\Delta X = X_i - T_i \tag{3-6}$$

或

$$\Delta X = X_i{'} - T_i \tag{3-7}$$

式中，ΔX——光纤布拉格光栅温度传感仪表的示值误差(℃)；

X_i、$X_i{'}$——在标准温度 T_i 作用下，光纤布拉格光栅温度传感仪表第 i 检测点的进程示值和回程示值(℃)；

T_i——检测第 i 点的标准铂电阻温度计的温度测量值(℃)。

②光纤布拉格光栅温度传感仪表回程误差为

$$H = \left| X_i{'} - X_i \right| \tag{3-8}$$

式中，H——光纤布拉格光栅温度传感仪表的回程误差(℃)；

X_i、$X_i{'}$——在标准温度 T_i 作用下，光纤布拉格光栅温度传感仪表第 i 检测点的进程示值和回程示值(℃)。

③光纤布拉格光栅解调仪示值误差为

$$\Delta \lambda = \lambda_j - \lambda_i \tag{3-9}$$

式中，$\Delta \lambda$——光纤布拉格光栅解调仪测量波长的示值误差(nm)；

λ_j——第 j 检测点光纤布拉格光栅解调仪测量的中心波长值(nm)；

λ_i——第 i 检测点多波长计测量的中心波长值(nm)。

技术指标要求如下。

光纤布拉格光栅温度传感仪表准确度为±1.0℃，示值误差为±1.0℃，回程误差为±0.2℃，光纤布拉格光栅解调仪示值误差为±0.005nm。

3.1.2 传感器的布设

1. 确定位置

(1)传感器安装位置的确定。根据故障解体探查的结果，本着尽量把测点埋置到发热最严重的区域的原则，充分考虑检测的有效性和准确性，同时便于传感器的安装及连接光纤的引出，确定传感器的安装位置为干式空心电抗器包封表面距干式空心电抗器上沿约 400mm 处，并且在相邻两根通风条之间。每个检测包封一般分为 3 个布点(传感器不足时减掉一个测温布点)，3 个布点间呈 120°。

(2)传感器的分配。在传感器布点布设 FBG 温度传感器或 FBG 应变传感器，在选取的测温包封上的 3 个布点各安装一个 FBG 温度传感器，在选取温度、应变同时测量的包封上的 3 个布点中的其中两个分别安装两个 FBG 温度传感器。另外一个布点上安装一个 FBG 温度传感器、两个 FBG 应变传感器，其中 FBG 应变传感器分为轴向和径向。该布点传感器分布图如图 3-5 和图 3-6 所示。

(3)测温包封与温度、应变同时测量包封的选取。只测温度的包封为：第 3 包封、第 7 包封、第 9 包封；温度、应变同时测量的包封为：第 1 包封、第 5 包封、第 6 包封、第 11 包封。

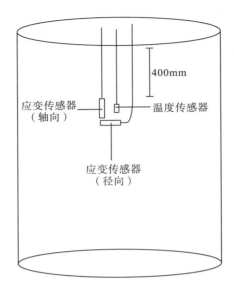

图 3-5　温度传感器、应变传感器同时测量的布点传感器分布图(正视图)

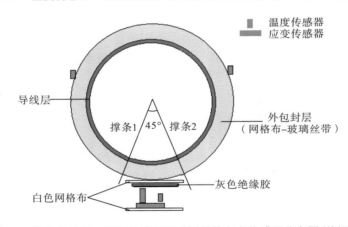

图 3-6　温度传感器、应变传感器同时测量的布点传感器分布图(俯视图)

　　选取 3 支温度传感器、两支应变传感器，均在外包封工序即将完成前，在浸胶(环氧树脂胶)玻璃丝带外表面进行预埋，第 1 包封传感器安装示意图如图 3-7 所示。传感器波长选择示意图如图 3-8 所示。

2. 具体埋设

　　(1)在第 1 层外包封玻璃丝带外表面用米尺确定预埋位置，在浸胶(环氧树脂胶)玻璃丝带外表面相邻的两根通风条之间内距包封上沿 430mm 处，自下向上涂灰色绝缘胶至外包封上沿，涂层厚度约 5mm，面积约 50mm×430mm。

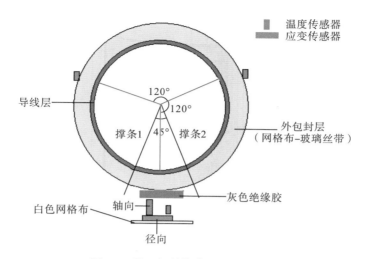

图 3-7 第 1 包封传感器安装示意图

图 3-8 传感器波长选择示意图

(2)在距包封上沿 400mm 区域中部的灰色绝缘胶上布设传感探头(若是两支应变传感器与一支温度传感器布在一起,则 3 支传感器均匀布成品字形,其中一支应变传感器在偏下位置径向布设,另一支应变传感器轴向布设,温度传感器均轴向布设)。传感探头上部引出光纤成 S 形粘贴在灰色绝缘胶上,尤其是径向布设的应变传感器引出光纤的曲率半径较大,避免弯折过度影响信号输出,使得传感探头及引出光纤均在相邻两根通风条之间。剩余连接光纤从线圈顶部引出,如图 3-9 所示。

(3)剪取面积为 150mm×450mm 的网格布覆盖在传感探头及引出光纤的表面,并用手掌轻压网格布使其与下层完全黏合,起到保护作用。

(4)另外两支温度传感器 T3(1531)和 T5(1536)布设工序同步骤(1)~(3)。且 3 个布点沿周向间距 120°均匀分布。

(5)再平包 0.5mm 玻璃丝带(在包封上下沿之间缠绕一遍玻璃丝带)。

(6)在表面放置通风条时,保证预埋的传感器区域(传感探头及光纤预埋位置)在相邻两根通风条中间,如图 3-10 所示。

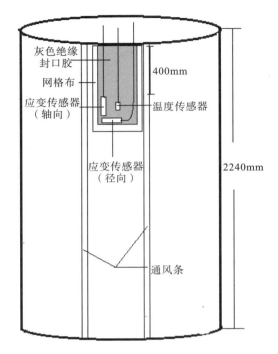

图 3-9　第 1 包封传感器布置图（正面）

图 3-10　传感器预埋在电抗器包封玻璃丝带表面

　　(7) 在传感探头及其邻域再覆盖一层环氧树脂胶,以保证传感探头与底层紧密贴合。

　　(8) 剪取与步骤(1)同等大小的网格布覆盖在传感探头及引出光纤表面,与底层网格布重合,并用手掌轻压网格布使其与下层完全黏合。

（9）在表面放置通风条时，保证预埋的传感器区域（传感探头及光纤预埋位置）在相邻两根通风条中间。

3. 埋设后检验

（1）传感器的分布。该 35kV 干式空心电抗器共有 11 个包封，传感器的具体分布图如图 3-11 所示。

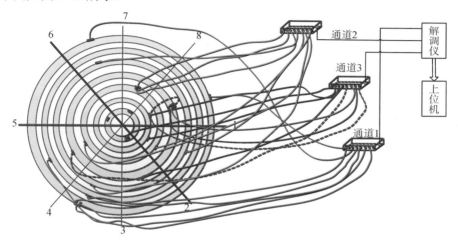

图 3-11　传感器的具体分布图

虚线表示安装后该传感器无信号输出。

（2）传感器检测。光纤布拉格光栅传感器安装埋入结束后，采用光纤布拉格光栅解调仪获取传感器信号，并连接到上位机上进行显示。由于客观条件和安装过程中的各种不确定因素的影响，使得部分埋入的传感器不能正常输出信号。这种情况在初期准备工作时就已经预见了，实属正常。初步检测结果如表 3-1 所示。

表 3-1　传感器埋入后检测结果

	传感器编号	传感器初始波长	预埋后测试	备注
第 1 层	S3（径向）	1554.761	1555.198	由于传感器表面绕制玻璃丝带压力过大，致使大部分传感器损坏
	S8（轴向）	1561.380	有光谱无数据	
	T1（温补）	1526.016	1526.132	
	T3	1530.955	无数据	
	T5	1536.186	无数据	
第 3 层	T2	1528.455	1528.552	良好
	T10	1548.464	1548.597	
第 5 层	S1（径向）	1528.108	1528.753	良好
	S12（轴向）	1550.894	1551.706	

续表

	传感器编号	传感器初始波长	预埋后测试	备注
第5层	T12	1531.148	1531.203	
	T19	1536.111	1536.164	
	T21(温补)	1553.618	1553.661	
第6层	S5(径向)	1555.357	无数据	下层通风条放置位置不恰当,挤压到传感器埋入位置,导致第6层两个应变传感器损坏
	S7(轴向)	1546.008	无数据	
	T7(温补)	1540.757	1540.883	
	T8	1543.466	1543.539	
	T15	1560.798	1560.855	
第7层	T4	1533.436	1533.515	
	T9	1545.735	1545.918	
	T16	1563.096	1563.206	
第9层	T6	1538.552	1538.609	
	T11	1550.995	1551.032	
第11层	S9(径向)	1553.222	1553.519	
	S10(轴向)	1547.476	1547.793	
	T13(温补)	1556.025	1556.073	
	T14	1558.571	1558.629	
	T17	1526.162	1526.214	

3.2 埋入式热点温升测量

3.2.1 固化过程温度、应变监测数据分析

在干式空心电抗器环氧树脂固化过程中,需要实验监测包封温度、应变变化情况,以观测电抗器物理结构在干燥室内对应于强制加热、冷却的自然变化过程。

在干燥室内监测得出的固化过程中温度曲线数据分析如图3-12~图3-14所示。

电抗器各包封层的温度基本上随着炉温的上升而变化,而稳定后包封的温度不会达到炉温,低于140℃。各包封层的温度相接近,8小时稳定后温度值分布在106~123℃之间,这是由于各包封层所处位置不同造成的。干燥室由四周侧壁施加热源,由于热辐射、对流及传导的作用,使得越靠近干燥室中间温度越低,因此稳定状态下各层从外向内温度逐渐降低。

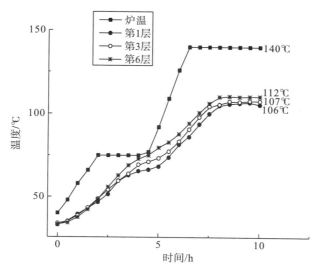

图 3-12　第 1、3、6 包封固化温度变化图

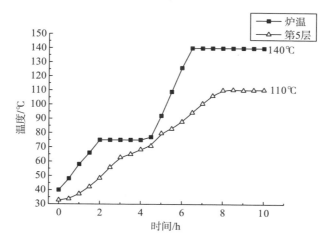

图 3-13　第 5 包封固化温度变化图

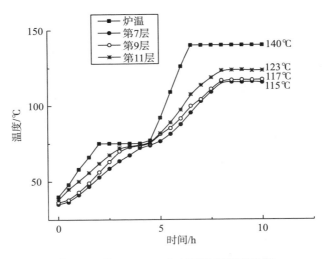

图 3-14 第 7、9、11 包封固化温度变化图

通常情况下，相关工作人员是通过查看炉温显示器来确定电抗器的固化温度的，当干燥室门密封不良或炉内温度传感器发生故障时，就无法获取准确的炉温值。实验结果表明，电抗器在固化过程的温度略低于炉温显示值，电抗器热熔纯滞后特性也使得升温速度略迟于炉内温度。因此，电抗器实际的固化温度与炉温显示值并不完全一致，电抗器预期温度不能由干燥室温度调节器准确设定，由此说明光纤布拉格光栅温度传感器直接接触测量干式空心电抗器包封温度的必要性。表 3-2 所示为炉温稳定在 140℃后各包封趋于稳定的温度值。

表 3-2 炉温稳定在 140℃后各包封趋于稳定的温度值

包封	第 1 包封	第 3 包封	第 5 包封	第 6 包封	第 7 包封	第 9 包封	第 11 包封
温度/℃	106	107	110	112	115	117	123

3.2.2 温升试验实测

在干式空心电抗器出厂前须进行温升试验，温升试验是新产品定型的主要试验项目之一。在干式空心电抗器温升试验过程中，需要实验监测包封温度、应变变化情况，以观测电抗器物理结构在通电工作条件下的变化情况。通电加压后会引起绕组的温度升高，温度的传递及与空气温度的作用会造成各包封的温度差异。同时，由于电磁力和温度的作用，干式空心电抗器包封的应力应变会发生变化。由于工厂工人的失误，造成了部分传感器的损坏，尤其第 11 包封的应变传感器被破坏，因此温升试验的应变监测只给出了第 5 包封的应变变化数据。

监测得出了温升过程中温度的变化图如图 3-15 和图 3-16 所示。

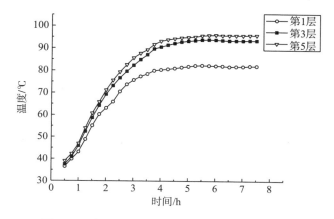

图 3-15 电抗器第 1、3、5 包封温升温度变化图

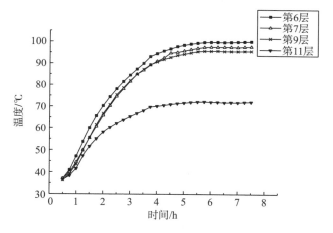

图 3-16 电抗器第 6、7、9、11 包封温升温度变化图

从曲线图中可以看出,温升过程中各包封温度是一个逐渐升高然后趋于稳定的过程。由于与空气接触程度和散热不均,因此造成了各包封温度不同。其中,第 1 包封和第 11 包封温度较低,中间各包封温度相接近且高于内外两个包封。表 3-3 所示为达到稳定状态后各包封温度表。

表 3-3 达到稳定状态后各包封温度表

导线层	第 1 层	第 3 层	第 5 层	第 6 层	第 7 层	第 9 层	第 11 层
温度/℃	81.9	93.43	95.85	100	97.52	95.68	71.9
温升/℃	54.9	66.43	68.85	73	70.52	68.68	44.9

结果显示:第 1 层(最内层)与第 11 层(最外层)的温度较低,并且最内层温度

比最外层温度大约要高 10℃；中间各导线层温度分布在 90～100℃之间，温升值分布在 65～75℃之间。其中，第 6 层温度最高，约为 100℃，温度升高了约 73℃。分析产生上述结果的原因可知，由于干式空心电抗器结构类似于空心圆柱体，内径约为 2m，各导线层之间的间距很小，约为 5cm，因此造成了各导线层散热状况的不同。最内层与最外层表面空气流动性较好，散热较充分，又因为最内层埋入的温度传感器在导线层外包封表面靠近第 2 层，而最外层传感器埋入的位置处于整个干式空心电抗器的外表面，所以最内层的温度要高于最外层。同时中间各导线层越靠近中间位置，散热状况越差，并且受相邻导线层温度的影响，越靠近中间位置的导线层温度越高。

3.3　常规表插式热点温升测量

电抗器温升试验在制造厂属于型式试验，通常测量两个温升值：一个是绕组平均温升；另一个是热点温升。绕组平均温升是采用电阻法测得，在加压前测量出电抗器冷态电阻及温度，在电抗器温升试验中，通过短暂拉开电源快速测量其直流电阻计算得出绕组平均温升。热点温升测量是采用图 3-17 中的在端头贴有测温元件的插杆，插入到风沟 20～30cm 处，把测温点压贴到包封表面来测得热点温升。

图 3-17　常规表插式热点温升测量

常规表插式热点温升测量记录表如表 3-4 所示。

表 3-4   常规表插式热点温升测量记录表   （单位：℃）

时间	1	2	3	4	5	6	7	8	9	10	11
8:15	28.60	26.90	28.30	28.00	28.40	27.60	28.40	28.30	28.50	27.30	29.20
9:00	34.80	31.40	33.30	34.00	32.70	32.50	31.80	38.50	33.00	32.20	34.90
9:30	36.40	33.50	35.90	35.50	34.30	34.60	33.50	38.00	35.00	34.10	35.40
10:00	45.70	40.70	44.20	41.80	42.00	40.30	39.10	44.90	41.30	39.00	40.50
10:30	52.70	47.30	50.70	51.90	48.10	45.60	45.20	54.80	47.50	44.70	47.90
11:00	60.60	56.20	61.50	60.90	55.80	52.80	51.30	63.70	54.80	52.60	54.90
11:30	76.80	73.40	80.00	82.20	73.20	71.30	69.80	84.40	73.40	71.40	68.00
12:00	79.60	77.00	84.40	86.40	77.90	76.40	73.80	89.20	77.60	75.70	71.00
12:30	80.70	79.00	86.60	89.70	80.80	79.20	77.10	92.10	80.50	78.40	72.90
13:00	81.60	80.30	88.00	91.80	82.40	80.90	79.40	93.90	82.30	79.60	73.60
13:30	82.20	81.20	89.20	93.30	83.80	82.50	80.90	95.90	83.80	81.20	74.30
14:00	82.20	82.10	89.80	94.60	84.90	83.60	82.40	96.70	84.50	82.20	74.80
14:30	82.30	82.10	89.70	94.50	84.90	83.40	82.20	96.40	84.30	82.00	74.90
15:00	82.30	82.00	89.90	94.70	85.20	83.70	82.80	96.90	84.70	82.40	74.60
15:30	82.10	82.10	90.00	94.90	85.30	84.00	82.70	97.30	84.90	82.70	75.20
16:00	82.00	81.60	89.90	94.80	85.60	84.30	83.10	97.50	85.00	82.70	74.00

包封表插式温升情况如图 3-18 所示。

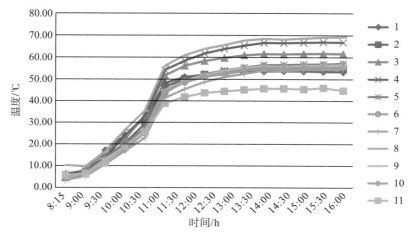

图 3-18   包封表插式温升情况

3.4　结　　论

表插式与埋置式最高热点温升比较如图 3-19 所示。

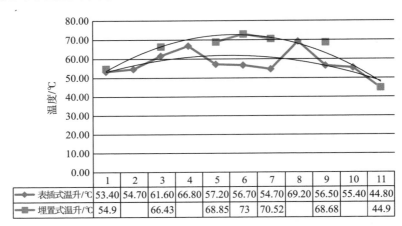

	1	2	3	4	5	6	7	8	9	10	11
表插式温升/℃	53.40	54.70	61.60	66.80	57.20	56.70	54.70	69.20	56.50	55.40	44.80
埋置式温升/℃	54.9		66.43		68.85	73	70.52		68.68		44.9

图 3-19　表插式与埋置式最高热点温升比较

从图 3-19 中可以看出以下两点。

(1) 表插式与埋置式温升分布其渐近线都是锅底形，埋置式拟合得更好，其中部温升高，最高出现在第 6、7、8 包封，边包封绕组温升较低、两种测温方式基本一致，也反映出两种测温方式是可信的，温升分布也印证了故障解体探查时的分析。

(2) 埋置式测温比表插式测温温升高，最高差约 10℃（渐近线），这说明厂家的常规热点温升测量值偏低。电抗器的实际运行温度是偏高的。

4　匝间绝缘材料过热老化情况研究

针对电抗器高温过热问题，开展了基于 X 射线衍射技术、空间电荷测量技术及扫描电镜技术的匝间绝缘材料老化研究。

4.1　过热老化研究

本节主要阐述利用 X 射线衍射仪、双束场发射扫描电子显微镜、宽频介电阻抗谱仪，以及激光导热仪研究匝间绝缘材料在其温升极限 130℃ 下的老化情况。

4.1.1　材料及实验设备

实验所需材料如表 4-1 所示。其中，无纺布、聚酯薄膜和环氧树脂胶均由金坛金辉绝缘材料公司提供，将无纺布和聚酯薄膜材料制备成直径为 17cm 的圆形薄膜，浸透环氧树脂胶并均匀贴合，真空固化处理后制得聚酯薄膜和无纺布复合材料。老化实验容器是直径为 20cm 的培养皿。

表 4-1　实验所需材料

实验材料	规格与参数
无纺布	直径为 17cm 的圆形薄膜
聚酯薄膜	直径为 17cm 的圆形薄膜
环氧树脂胶（AB 料）	E44
脱膜剂	SX-8369
平底盆	直径为 20cm
培养皿	直径为 20cm

实验流程及设备参数如下。

1．样品处理

实验样品浸环氧树脂胶处理参照相关文献，处理流程如下。

①平底盆预处理干燥后，在平底盆表面喷适量脱膜剂。

②秤取环氧树脂胶 AB 料（AB 料的秤取原则质量比为 10：1），将 AB 料混合均匀后，常温下放入真空箱中抽真空。

③待平底盆表面的脱膜剂干燥后，将混合料倒入平底盆中，放入预先剪好的无纺布和聚酯薄膜材料。

④将无纺布和聚酯薄膜浸胶并贴合均匀，放入真空干燥箱中抽真空进行固化，固化温度为 90℃，真空度为 0.6Pa，固化时间约为 1 小时。

⑤1 小时后，将样品(聚酯薄膜和无纺布复合材料)取出，分类整理。

⑥按照以上实验流程重复制样。

老化研究实验所用的热老化烘箱如图 4-1 所示。其工作尺寸为 800mm×1600mm×1400mm，温度控制范围为 20～200℃；温度波动范围为±0.5℃。本实验老化温度设定为 80℃和 130℃，设置好温度后将实验样品贴好标签放入热老化烘箱内加速热老化，并在不同老化时间(0h、168h、336h、504h、720h、1000h)取样。

图 4-1　热老化烘箱

2. X 射线衍射分析

晶体结构等聚态结构常通过 X 射线衍射分析来实现。X 射线的本质与红外光及紫外光一样，属于电磁波范畴，波长一般为 0.05～0.25nm，与物质中原子间的距离相当，主要用于材料微观结构的观察。

当 X 射线入射结晶材料内部时，某些入射角材料的相邻散射波彼此相位相同，且光程差为波长的整数倍，产生干涉现象，满足此条件的衍射称为布拉格衍射定律，可以表示为

$$2d_{hkl}\sin\theta = n\lambda$$

式中，d_{hkl}——晶面之间的间距(nm)；

　　　hkl——晶面指数，用来标记晶体中的某一晶面；

　　　n——常数；

　　　λ——X 射线的波长。

本次实验采用荷兰帕纳科公司生产的锐影 X 射线衍射仪，如图 4-2 所示。仪

器参数：Cu 靶，管压为 40 kV，电流为 40 mA。物相扫描时的参数：衍射角范围为 5°～90°，步长为 2°/min。

图 4-2　X 射线衍射仪

3. 形貌与成分测试

本次实验所用的电镜为德国卡尔蔡司（Carl Zeiss）公司生产的双束场发射扫描电子显微镜，如图 4-3 所示。设备型号：AURIGA。测试条件：分辨率为 1.1nm，20kV。

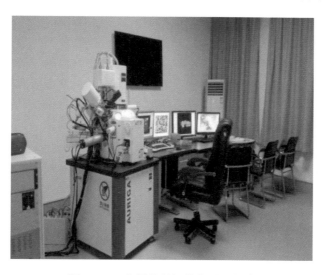

图 4-3　双束场发射扫描电子显微镜

4. 介电性能测试

老化前后实验样品的频域介电谱（Frequency Domain Spectroscopy，FDS）测试采用德国 Novocontrol Gmbh 公司生产的宽频介电阻抗谱仪，如图 4-4 所示。本次实验条件的频率范围为 $10^{-2} \sim 10^{5}$Hz，室温条件测量。为保证实验重复性，每次实验测试 2～3 次，并且为了排除偶然性，重复测量采用的是多个样品进行测试，并对同一种状态的样品取样 2～3 次进行测试，若进行 2～3 次测量后其实验结果重复性不理想则继续取样重复测量，选取重复性好的数据进行分析。

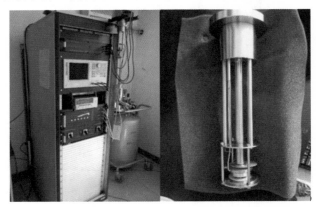

图 4-4   宽频介电阻抗谱仪

5. 工频击穿场强测试

固体绝缘材料对于电力设备内绝缘部分来说，它的耐电压强度直接影响了变压器的等级，工频击穿是绝缘材料耐电强度的一个重要指标，一旦电力设备内部的绝缘材料在某些因素的影响下被击穿，就会失去绝缘能力，导致设备使用寿命的终结。老化后的绝缘材料工频击穿场强按照《绝缘材料电气强度试验方法第 1 部分：工频下试验》（GB/T 1408.1—2016）进行，工频击穿电压实验变压器容量为 50kVA/50kV，实验电压为 380V，升压速度为 500V/s，每种样品测量 5 次，将 5 次的结果求取平均值得到平均击穿电压。图 4-5 给出了实验中铜电极的示意图与实物图。连接高电压和低电压的电极直径均为 15mm，电极的边缘直径为 3mm 的倒角。不锈钢油杯中盛满 25 号克拉玛依油作为媒介，测试前将老化后的绝缘材料剪成直径为 15mm 的圆形。

6. 导热系数的测量

绝缘纸导热系数的测量仪器为德国耐驰仪器制造有限公司生产的 LFA457 型激光导热仪，如图 4-6 所示。该设备使用时首先加热源发射一束短的脉冲光照射在样品的下表面，然后用红外探测仪记录样品表面相应的升温，并且在初始状态下将温度探测仪的信号进行放大及校正，使得温升曲线能够反映出通过激光照射导致的实验样品温度的改变。

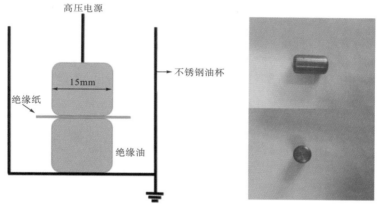

图 4-5 电极示意图与实物图

图 4-6 LFA457 型激光导热仪

4.1.2　实验研究

对聚酯薄膜和无纺布复合材料进行老化实验，分别在 80℃和 130℃老化下，并且在老化时间为 0h、168h、336h、504h、720h 和 1000h 时进行取样，图 4-7 所示分别为不同老化阶段聚酯薄膜和无纺布复合材料的样品图片。

由图 4-7 可以直观地看出，聚酯薄膜和无纺布复合材料在 80℃下不同老化阶段的老化程度不明显；而在 130℃的老化温度下，聚酯薄膜和无纺布复合材料随着老化时间的增加，材料老化后的表面颜色由浅入深，颜色加重，老化程度加深，老化较为严重，材料的强度减弱，变得越来越脆，并且材料局部出现部分褶皱的现象。尤其是在 130℃的老化温度下，1000h 后的聚酯薄膜和无纺布复合材料老化最为严重，材料发生脆化及开裂。

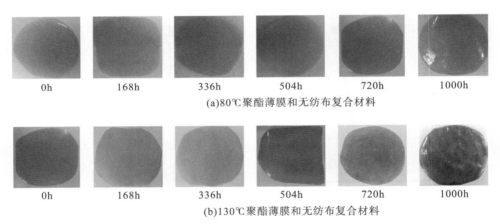

图 4-7　不同老化阶段聚酯薄膜和无纺布复合材料的样品图片

1. X 射线衍射技术

X 射线衍射技术在材料探测方面具有重要作用，利用 X 射线衍射技术可以对材料的结构进行分析和表征，该技术为材料科学的发展提供了一种重要的结构表征手段。结晶度和晶粒尺寸是影响材料性能的重要参数。利用 X 射线衍射技术计算老化后材料的结晶度和晶粒尺寸，有助于研究材料在老化过程中的结构变化。

实验中分别对在 80℃和 130℃温度下，老化时间在 0h、168h、336h、504h、720h 和 1000h 时聚酯薄膜和无纺布复合材料进行 X 射线衍射测试，图 4-8 所示为不同老化阶段聚酯薄膜和无纺布复合材料的 X 射线衍射图谱。由图 4-8 可知，对于聚酯薄膜和无纺布复合材料的 X 射线衍射图谱出现尖锐衍射峰，这说明聚酯薄膜和无纺布复合材料主要呈现晶态，结晶度较高。分别对比不同老化时间与老化温度时聚酯薄膜和无纺布复合材料的 X 射线衍射图谱，在 130℃下老化时，聚酯薄膜和无纺布复合材料在不同老化温度与时间的 X 射线衍射图谱无明显变化。这表明热老化对聚酯薄膜和无纺布复合材料的晶型结构无明显影响。

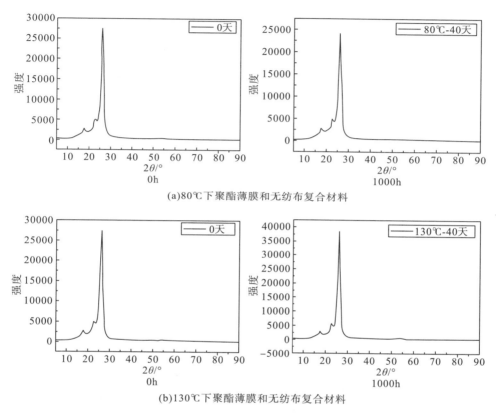

(a)80℃下聚酯薄膜和无纺布复合材料

(b)130℃下聚酯薄膜和无纺布复合材料

图 4-8　不同老化阶段聚酯薄膜和无纺布复合材料的 X 射线衍射图谱

2. 结晶度与晶粒尺寸

利用 Jade 软件分别计算 80℃和 130℃下，老化时间在 0h、168h、336h、504h、720h 和 1000h 时聚酯薄膜和无纺布复合材料的结晶度与晶粒尺寸。表 4-2 所示为不同老化阶段聚酯薄膜和无纺布复合材料的结晶度与晶粒尺寸。老化对材料的结晶度和晶粒尺寸存在影响。采用 Jade 软件进行计算，步骤如下。

结晶度计算过程如下。

（1）读入文件。

（2）不做图谱平滑，选择 Line BG（直线背景）。调整背景线位置，以适应全部数据点都在背景线之上，并于背景线相切。

（3）对整个图进行拟合，此时，只拟合出非晶峰的强度。

(4) 选择衍射峰，经过手动拟合，直至全部拟合完成。

(5) 打开菜单执行 Report-Peak Profile Report 命令，表的最底行显示 Crystallinity，即为结晶度数值。

晶粒尺寸计算过程如下。

(1) 以与仪器半高宽曲线测量完全相同的实验条件测量样品两个以上的衍射峰，特别要注意不能改变狭缝大小。

(2) 读入 Jade，进行物相检索，拟合好较强的峰。

(3) 选择 "Report-Size＆Strain Plot" 命令，显示计算对话框。

(4) 根据样品的实际情况在 "Size Only、Strain Only、Size/Strain" 3 种情况下选择一种情况。

(5) 调整 n 值。

(6) 查看仪器半高宽校正曲线是否正确并进行修改。

(7) 保存，其中 "Save" 保存当前图片，"Export" 保存文本格式的计算结果。

按照以上步骤进行重复计算得到表 4-2。由表可知，材料结晶度随老化时间先增大后略有减小，而晶粒尺寸呈现先增大后减小的趋势。这是因为材料是由高分子纤维组成的，其老化过程主要受热降解、水解、热氧化和光氧化的影响。热降解的主要产物为乙醛和苯甲酸。热老化对薄膜的影响直接表现在链断裂、分解产生氯化氢、增塑剂挥发或分解等方面，导致材料变色和电气性能下降。材料的结晶区随老化时间的增加，老化从非结晶区开始逐渐向结晶区扩展，表现为结晶度随老化时间略有减小的趋势；在热作用下，晶体中各个粒子运动加剧会使晶体膨胀，其晶粒尺寸会逐渐增大，又由于热降解的作用，会使材料发生断链，生成小分子的有机物，因此晶粒尺寸又呈现减小的趋势。

表 4-2   不同老化阶段聚酯薄膜和无纺布复合材料的结晶度与晶粒尺寸

样品	项目	0h	168h	336h	504h	720h	1000h
80℃聚酯薄膜和无纺布复合材料	结晶度/%	77.09	75.43	74.35	72.50	71.36	70.15
	晶粒尺寸/nm	81	75	78	76	65	62
130℃聚酯薄膜和无纺布复合材料	结晶度/%	77.09	75.25	73.81	69.94	68.09	65.96
	晶粒尺寸/nm	81	58	57	59	56	52

3. 微观形貌及成分

对 80℃和 130℃下老化时间在 0h、168h、336h、504h、720h 和 1000h 时的样品进行测试，研究聚酯薄膜和无纺布复合材料的微观形貌及缺陷处成分组成，如图 4-9 所示。由图可知，聚酯薄膜和无纺布复合材料的微观形貌变化情况随着老化时间增加而劣化加重，逐渐出现褶皱并增大，并且在老化后期出现损伤，在较高的老化温度(130℃)下，损伤情况较严重。同时，聚酯薄膜和无纺布复合材料的元素主要组成均为 C 和 O 两种元素，并且随老化时间与老化温度无明显变化。

| 0h | | | 168h | | |

<table>
<tr><td>元素</td><td>重量
百分比</td><td>原子
百分比</td><td>元素</td><td>重量
百分比</td><td>原子
百分比</td></tr>
<tr><td>C K</td><td>66.77</td><td>72.80</td><td>C K</td><td>72.65</td><td>77.98</td></tr>
<tr><td>O K</td><td>33.23</td><td>27.20</td><td>O K</td><td>27.35</td><td>22.02</td></tr>
<tr><td>总量</td><td>100.00</td><td>100.00</td><td>总量</td><td>100.00</td><td>100.00</td></tr>
</table>

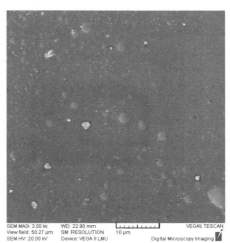

336h

504h

元素	重量百分比	原子百分比		元素	重量百分比	原子百分比
C K	66.79	72.82		C K	68.38	74.23
O K	33.21	27.18		O K	31.62	25.77
总量	100.00	100.00		总量	100.00	100.00

 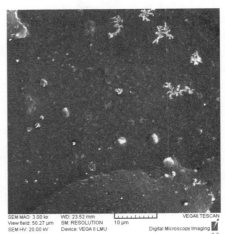

720h   1000h

元素	重量百分比	原子百分比		元素	重量百分比	原子百分比
C K	70.75	76.31		C K	69.84	75.52
O K	29.25	23.69		O K	30.16	24.48
总量	100.00	100.00		总量	100.00	100.00

图 4-9　不同老化阶段聚酯薄膜和无纺布复合材料的微观形貌及成分组成

4. 介电性能

介电常数和介质损耗角正切是描述电介质极化与损耗的两个重要参数，两者的变化能够说明电介质微观结构的极化和松弛机制及它们之间相互作用的规律。对 80℃和 130℃下老化时间在 0h、168h、336h、504h、720h 和 1000h 时的样品进行测试，聚酯薄膜和无纺布复合材料的介电性能如图 4-10 所示。

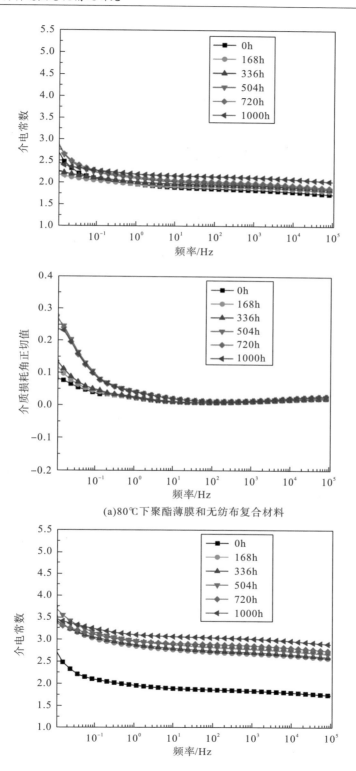

(a)80℃下聚酯薄膜和无纺布复合材料

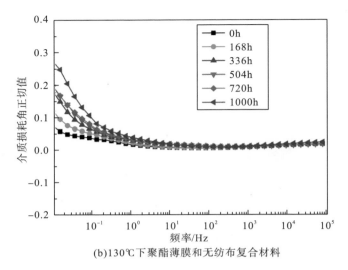

(b)130℃下聚酯薄膜和无纺布复合材料

图 4-10　不同老化阶段聚酯薄膜和无纺布复合材料的介电性能

　　工频处，聚酯薄膜和无纺布复合材料的介电常数随老化时间的增加出现增大的趋势。分析原因发现，这种现象是由热老化的作用引起的。在老化初始阶段，由于温度的升高，材料链段结构发生断裂、支化，分子长链的支化使得极性基团增加，因此取向极化对介电常数的贡献增加，表现为介电常数的增大。随着老化的加剧，反应继续进行，高分子材料分子结构继续断裂、支化，介电常数不断增大。

　　在较低频率范围内，聚酯薄膜和无纺布复合材料的介质损耗角正切值 tanδ 随老化时间的增加出现增大的趋势。这是由于松弛损耗和电导损耗的增加所致，频率越低则电场变化越慢，电场的变化周期相对弛豫时间来说就越长，弛豫极化就越充分，从而导致松弛损耗增加。在中高频处的 tanδ 几乎不变或变化不大，这是因为在中高频处的介质损耗主要取决于松弛损耗，当频率逐渐升高时，电场的变化周期逐渐变短，松弛极化逐渐跟不上电场变化，所以松弛损耗很小，基本不变。

5. 击穿场强

　　绝缘材料在老化过程中发生着物理变化与化学变化，这些变化会引起材料的电气、物理、机械性能的恶化。当绝缘性能下降到不能承受运行中的电场强度要求时，绝缘击穿，寿命终止。当进行单一材料热老化试验时，必须选择既能反映绝缘老化过程又能确定设备实际寿命的性能指标。因此选择击穿场强作为确定绝缘材料的热老化寿命终止的标准是合理的。

　　对在 80℃和 130℃下老化时间为 0h、168h、336h、504h、720h 和 1000h 时的样品进行测试，研究聚酯薄膜和无纺布复合材料的击穿场强。对工频处击穿场强进行测试时，每个老化阶段下做 5 次试验，取试验结果的中值作为电气强度(击穿场强），如表 4-3 所示。由表 4-3 和图 4-11 可知，聚酯薄膜和无纺布复合材料的击穿场强在 80℃下随着老化时间的增加缓慢降低；而在 130℃下聚酯薄膜和无纺布复合材料的击穿场强随着老化时间的增加而显著降低。这是因为在较高的温度下，材料的分子结构断裂、支化严重，样品老化程度加深，绝缘结构发生破坏，导致样品的击穿场强降低。

表 4-3　聚酯薄膜和无纺布复合材料的击穿场强

不同温度不同老化阶段样品	击穿次数					平均值/(kV/mm)
	1 次	2 次	3 次	4 次	5 次	
0h	41.4	48.8	36.7	41.8	54.2	44.58
80℃-168h	38.8	48.4	45.2	44.2	44.9	44.30
80℃-336h	40.7	38.6	40.4	36.3	46.5	40.50
80℃-504h	39.2	48.0	28.2	40.4	36.3	38.42
80℃-720h	33.9	35.2	37.8	33.6	39.8	36.06
80℃-1000h	36.5	34.4	37.3	32.8	37.5	35.70
130℃-168h	32.3	47.0	44.7	43.5	43.1	42.12
130℃-336h	37.5	27.2	39.3	43.5	30.4	35.58
130℃-504h	31.1	29.3	23.6	27.1	27.0	27.62
130℃-720h	23.7	19.3	22.9	28.2	21.8	23.18
130℃-1000h	19.4	23.9	14.6	23.2	21.8	20.58

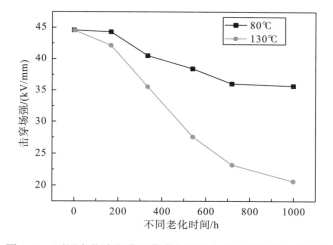

图 4-11　不同老化阶段聚酯薄膜和无纺布复合材料的击穿场强

6. 导热系数

对 80℃和 130℃下老化时间在 0h、168h、336h、504h、720h 和 1000h 时的

样品进行测试,研究聚酯薄膜和无纺布复合材料的导热系数,如图 4-12 和表 4-4
所示。由图 4-12 和表 4-4 可知,对于聚酯薄膜和无纺布复合材料,80℃和 130℃
两种老化温度下的导热系数差异较为明显,130℃下聚酯薄膜和无纺布复合材料的
导热系数明显低于 80℃下聚酯薄膜和无纺布复合材料的导热系数。这是因为较高
温度下聚酯薄膜和无纺布复合材料老化更为严重,造成其导热能力严重下降,导
热系数明显变小。所以,聚酯薄膜和无纺布复合材料的导热系数随着老化程度加
深而降低。

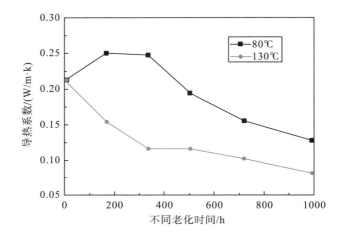

图 4-12   不同老化阶段聚酯薄膜和无纺布复合材料的导热系数

表 4-4   聚酯薄膜和无纺布复合材料的导热系数

不同温度下老化样品	不同老化时间					
	0h	168h	336h	540h	720h	1000h
80℃下酯薄膜和无纺布复材料	0.212	0.25	0.247	0.194	0.155	0.128
130℃下酯薄膜和无纺布复材料		0.154	0.116	0.116	0.102	0.081

4.1.3   小结

(1)通过对不同老化程度的样品进行 X 射线衍射的测试,采用 Jade 软件分析
得到,聚酯薄膜和无纺布复合材料的热老化过程中,聚合物出现损伤,发生分子
链长链断链,引起聚合度下降,晶粒尺寸由于热膨胀先增大,后由于聚合物断链
生成有机小分子而出现减小的趋势。

(2)通过对不同老化程度的样品采用扫描电镜/能谱进行表征,聚酯薄膜和无
纺布复合材料的微观形貌均是逐渐出现褶皱,而且随着老化时间增加逐渐加深,

并出现损伤；且在老化温度较高时，材料损伤较严重；但从元素组成来看，主要均为 C 和 O 两种元素，且含量无明显变化。

（3）通过对不同老化程度的样品进行击穿场强、介电性能等测试，聚酯薄膜和无纺布复合材料的各项电气性能均随着老化时间和老化温度的增加而下降。

（4）通过采用激光导热仪对不同老化程度的样品在工况下的导热系数的测试可得，聚酯薄膜和无纺布复合材料随着老化的进行，其导热系数出现明显下降的趋势，从而导致其局部温度过高，使老化加深，导致绝缘性能下降。

4.2 基于空间电荷测量技术的绝缘特性研究

采用电声脉冲法（pulsed electro acoustic，PEA）测量试样中空间电荷分布。其原理是被测试样施加一个重复的电脉冲，该脉冲电场与被测试样电极界面及内部的空间电荷发生作用，产生超声频率范围的机械振动，被超声传感器所接收，经过阻抗匹配电路模块、前置放大器及其他信号调理和放大电路后，由示波器采集和显示。这些数据经过数字信号滤波模块、信号衰减恢复模块、色散恢复模块及反卷积模块等的处理后，得到真实的空间电荷分布。测量装置的结构如图 4-13 所示。直流电源为-20～20kV，纹波系数小于 1%，脉冲宽度为 5ns，幅值为 0～1kV。压电传感器薄膜厚度为 9μm。信号采集采用 Tektronix DPO3054，基于空间电荷测量系统的分辨率取决于外加脉冲电压的半峰宽、传感器的厚度及放大器的频率带宽。

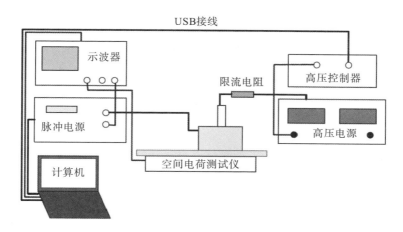

图 4-13　空间电荷测试系统

采用电声脉冲法测量试样样品的空间电荷密度分布，其原理如图 4-14 所示。测量时脉冲源向样品施加一个高压窄脉冲，引起介质中的空间电荷产生微小位移，并以声波形式传播至压电传感器，再转换为电信号后，便可获取样品内部空间电荷密度分布特性。

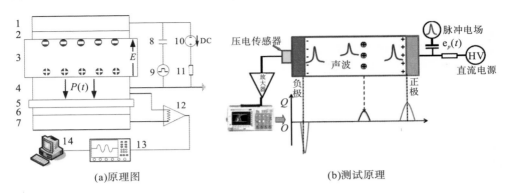

(a)原理图   (b)测试原理

图 4-14　空间电荷测试原理

1—电极(铜)；2—半导体层；3—待测试品；4—电极(铝)；5—压电传感器；6—P_{MMA}；7—电极(铝)；8—电容；
9—脉冲源；10—直流高压源；11—电阻；12—前置放大器；13—LeCoryWavePro 7200A 示波器；14—计算机

4.2.1　实验部分

在工程实际中，电抗器绝缘材料的内侧为铝材料，外层为聚酯薄膜。为此，本实验中所用电极材料贴近实际工况，样品为单层聚酯薄膜和双层聚酯薄膜两种。

1. 样品的处理

为了消除样品制备过程中产生的水蒸气对空间电荷测量的影响，将样品置于真空干燥箱中短路热清洗，真空干燥箱温度为 323℃，真空度为 10^{-2}Pa，短路时间为 24h。

2. PEA 测试流程

(1)在室温下，在样品上施加一定的直流极化电场，用示波器连续采集极化时间为 1800s 内的空间电荷分布。

(2)在上述直流电场下空间电荷测试结束后，撤去直流电场，关闭高压脉冲源，将上下电极短路 5min。

(3)然后按上述流程开始下一个电场点的空间电荷测试，测试温度为室温，分别测试正负极下 3kV/mm、4 kV/mm、5 kV/mm、6kV/mm 直流电场下的空间电荷分布。

3. 负极性单层空间电荷特性

图 4-15 所示为-2kV/mm 直流电场下的空间电荷分布的参考波形。由图 4-15 可知，在-2kV/mm 电场下介质内部未注入空间电荷，仅在电极和样品界面处感应出电荷密度约为 1.55C/m³ 的电荷。

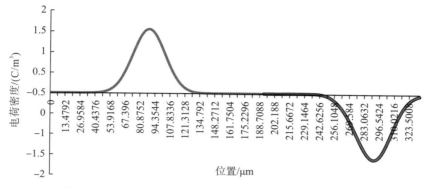

图 4-15　外施电场为-2kV/mm 时空间电荷分布的参考波形

图 4-16 所示为-3kV/mm 直流电场下加压极化的空间电荷分布波形。通过示波器可知，在阳极界面处，电荷密度在加压后(10s)迅速增大至正极大值，然后缓慢减小，在加压 10min 之后趋于稳定；样品内部靠近阳极侧区域(115～150μm)电荷密度随加压时间的增加，逐渐积累了一定量电荷，并在 10min 之后基本达到稳定值；阳极界面处电荷密度波峰逐渐向样品内部偏移，但阴极界面处电荷密度波峰并未移动，且波峰值在加压后(1min)迅速趋于稳定。

结合电荷密度分布曲线演变规律可以发现，随着阳极界面处电荷密度波峰的减小，样品内部靠近阳极界面处波峰面积逐渐增大，表明样品内部电荷以电极注入为主；阳极界面处电荷密度波峰的偏移主要是两个电极材料不对称引起的。在实验中，下电极(阳极)为铝电极，上电极(阴极)为半导电极。在实际工程中，电抗器绝缘材料的内侧也为铝材料，外层为聚酯薄膜(PET)，因此，实验中所用电极材料贴近实际工况；样品阴极界面电荷密度到达极值的时间比阳极界面到达极值的时间更快，分别为 1min 和 10min，二者的差值可理解为电荷从阳极界面注入再运输到样品内部区域所用的时间。

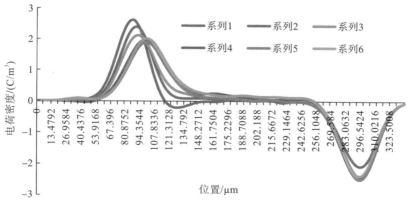

图 4-16　外施电场为-3kV/mm 时空间电荷分布波形

    图 4-17 所示为-4kV/mm 直流电场下加压极化的空间电荷分布波形。同样，通过示波器可知在阳极界面处，电荷密度在加压后(10s)迅速增大至正极大值，然后缓慢减小，但在加压 2min 之后便趋于稳定；样品内部靠近阳极侧区域(115～150μm)迅速积累了一定量电荷，并在 2min 之后基本达到稳定值；阳极界面处电荷密度波峰逐渐向样品内部偏移，但阴极界面处电荷密度波峰并未移动，且波峰值在加压后(1min)迅速趋于稳定。

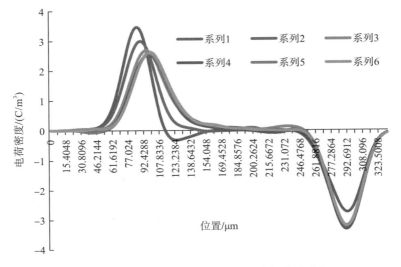

图 4-17   外施电场为-4kV/mm 时的空间电荷分布

    结合电荷密度分布曲线演变规律可以发现，阳极界面处电荷密度达到极值时所耗用的时间随着外加电场的增大而逐渐缩短，表明外施场强等级直接影响着电荷注入的速度。

    图 4-18 所示为-6kV/mm 直流电场下加压极化的空间电荷分布波形。由图 4-16～图 4-18 可知，样品在 3 种外施场强作用下，均呈现正极性电荷密度在加压时迅速增大，再随加压时间的增加而缓慢减小，但负极性电荷量随加压时间的增加而迅速增大到稳定值。产生这种现象的原因有两种。一种可能是在外施负极性场强作用下，样品介质中正极性载流子具有比负极性载流子更大的迁移率，使加压初期正极性电荷注入占主导地位；加压中后期，随着电荷入陷及复合行为的进行，样品体内电荷量总量略有减小。另一种可能是样品介质对正极性电荷呈现为较低的注入势垒，而对负极性电荷呈现为较高注入势垒的现象。

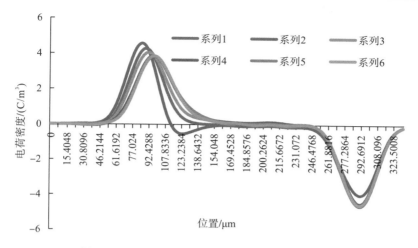

图 4-18　外施电场为-6kV/mm 时的空间电荷分布

　　以上分析表明，首先，当电极注入电荷密度大于电极可运输的电荷密度时，电荷将在样品内进行积聚，逐步入陷至介质体内的陷阱内，成为入陷电荷，对电荷积聚处的介质局部场强产生畸变影响，使得流经样品的电流提前由欧姆电流区转变进入到空间电荷限制电流区，从而成为引发介质产生老化的诱因之一。

　　其次，样品内部出现的空间电荷的注入、运输和集聚现象随着外施场强的增大变得更加明显。当电极注入的电荷将介质体内的可填充陷阱全部填满时，继续注入的电荷将无法继续被陷阱捕获形成入陷电荷，这部分电荷将贡献于流经绝缘介质的电导电流，引起绝缘中的电流再度增大，使流经绝缘介质的电流从空间电荷限制电流区提前进入到陷阱充满(无陷阱态)的空间电荷限制电流区。在实际工程中，遇到绝缘材料内部存在杂质或气隙等固有缺陷时，容易诱发局部放电现象，严重时会引发绝缘击穿现象，绝缘失效。

4. 正极性单层空间电荷特性

　　图 4-19 所示为 2kV/mm 直流电场下的空间电荷分布的参考波形。由图 4-19 可知，在 2kV/mm 电场下介质内部未注入空间电荷，仅在电极和样品界面处感应出电荷密度约为 $1.90C/m^3$ 的电荷。

　　图 4-20 所示为 3kV/mm 直流电场下加压极化的空间电荷分布波形。在阴极界面处，电荷密度在加压后(1min)迅速增大至正极大值，然后略有减小，在加压 10min 之后趋于稳定；样品内部靠近阴极侧区域(100～120μm)随加压时间的增加会产生一定量的电荷密度；阴极界面处电荷密度波峰逐渐向样品内部偏移，但阳极界面处电荷密度波峰并未移动，且波峰值在加压之后(1min)迅速趋于稳定。

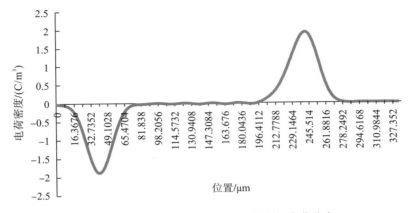

图 4-19　外施电场为 2kV/mm 时的空间电荷分布

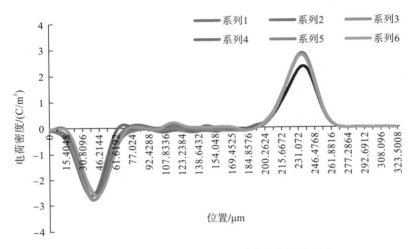

图 4-20　外施电场为 3kV/mm 时的空间电荷分布

　　结合电荷密度分布曲线演变规律可以发现，随着阴极界面处电荷密度波峰只是略有减小，样品内部靠近阴极界面处形成较小的电荷密度，表明样品内部产生的电荷有别于负极性情况下以电极注入为主，此处产生的微量电荷可能是由于样品中存在杂质，在长时间（30min）电场作用下，电离产生的电荷；阴极界面处电荷密度波峰的偏移主要是两个电极材料不对称引起的。在实验中，下电极（阴极）为铝电极，上电极（阳极）为半导体电极。在实际工程中，电抗器绝缘材料的内侧也为铝材料，外层为聚酯薄膜（PET），因此，实验中所用电极材料贴近实际工况；样品的阳极界面电荷密度到达极值的时间与阳极界面到达极值的时间几乎相等，都为 1min，可理解为在该电场强度下，阴极和阳极都只有少量电荷从界面注入再运输到样品内部区域。

　　图 4-21 所示为 4kV/mm 直流电场下加压极化的空间电荷分布波形。在阴极界

面处,电荷密度在加压后(1min)迅速增大至正极大值,然后略有减小,在加压 2min 之后趋于稳定;样品内部随加压时间的增大积累了少量电荷,并且分布逐渐均匀;阴极界面处电荷密度波峰逐渐向样品内部偏移,但阳极界面处电荷密度波峰并未移动,且波峰值在加压之后(1min)迅速趋于稳定。

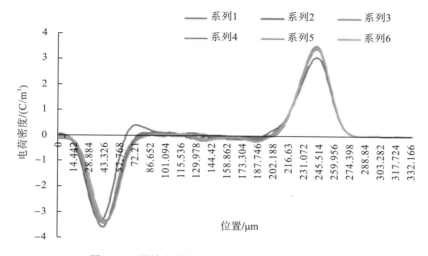

图 4-21　外施电场为 4kV/mm 时的空间电荷分布

由图 4-20 和图 4-21 可知,样品在两种外施场强作用下,均呈现负极性电荷密度在加压时迅速增大,再随加压时间增加而缓慢减小,最后趋于稳定,但正极性电荷量随加压时间的增加而迅速增大到稳定值,样品内部随加压时间的增加积累了少量电荷,并且分布逐渐均匀。产生这种现象的原因有两种:一种可能是在外施正极性场强作用下,样品介质中负极性载流子比正极性载流子迁移率稍大,使加压初期负极性电荷注入略占优势,但此时所加电场强度并不大,介质内部少量的空间电荷积累主要是杂质电离产生的,加压中后期,随着电荷入陷及复合行为的进行,样品体内电荷量总量略有减小,分布逐渐均匀;另一种可能是当外施电场为正极性时,样品介质对负极性电荷呈现为较低的注入势垒,而对正极性电荷呈现为较高注入势垒的现象。

5. 正/负极性单层空间电荷特性对比

图 4-22 所示为-4kV/mm、4kV/mm 直流电场下加压极化的空间电荷分布波形。由图 4-22 可知,在外施电场为负极性的情况下,铝电极侧(左侧)电荷密度波峰向样品内部发生了明显偏移;且在相同电场强度下,在铝电极和半导电极与样品界面处,负极性电场强度下的电荷密度峰值都比正极性电场强度下电荷密度峰值小;当外施电场强度为-4kV/mm 时,样品内部靠近铝电极侧发生了明显的电荷注入现

象，而在 4kV/mm 直流电场下几乎没有空间电荷注入。

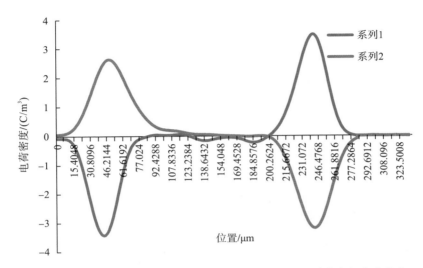

图 4-22　外施电场为-4kV/mm、4kV/mm 且加压 30min 时的空间电荷分布

　　对比相同电场强度、不同电场极性下电荷密度分布曲线，可以发现，加压 30min 以后，负极性电场强度下的电荷密度波峰较小，样品内部靠近铝电极界面处形成一定量的空间电荷，表明样品内部电荷以电极注入为主。产生这种现象的原因有两种。一种可能是在外施负极性场强作用下，样品介质中正极性载流子具有比负极性载流子更大的迁移率，使加压初期正极性电荷注入占主导地位；加压中后期，随着电荷入陷及复合行为的进行，样品体内电荷总量略有减小。另一种可能是试样介质对正极性电荷呈现为较低的注入势垒，而对负极性电荷呈现为较高注入势垒的现象。铝电极界面处电荷密度峰的偏移主要是两个电极材料不对称引起的。在实验中，下电极为铝电极，上电极为半导电极。在实际工程中，电抗器绝缘材料的内侧也为铝材料，外层为聚酯薄膜(PET)，因此，实验中所用电极材料贴近实际工况。

6. 双层正极性空间电荷特性

　　为了便于实验结果的分析，本项目把测量时上电极的极性当作参考，因为上电极为正极性，所以称为"正极性空间电荷特性"。

　　根据相关文献可知，当聚酯薄膜内部出现空间电荷的聚集时，背景电场将被畸变到 8～10 倍。通过上述分析发现，由于界面的间隙，因此导致界面处的电场强度达到了均匀电场强度的 5.5 倍左右，即 3.54kV/mm。综上所述，本文分别对厚度约为 400μm 的两层低密度聚酯薄膜样品施加 3kV/mm、4kV/mm、5kV/mm、

6kV/mm 和 7kV/mm 的电场强度，测试结果如图 4-23～图 4-28 所示。

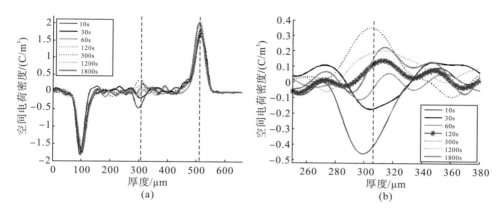

图 4-23 样品厚度约为 400μm、E=3kV/mm 时的空间电荷分布

从图 4-23 中可以看出，在上电极为正极性外施加电场强度为 3kV/mm 时，下电极的空间电荷略微减小，上电极空间电荷略微增加，而在两层聚酯薄膜交界面处在前 10min 内空间电荷由负极性逐渐向正极性过渡，在 10～30min 界面处的空间电荷全部为正极性的，但是幅值逐渐减小。从图 4-24 中可以看出，在上电极为正极性外施加电场强度为 4kV/mm 时，上下电极的空间电荷变化规律与外施加电场强度为 3kV/mm 时类似，但是两层聚酯薄膜交界面处在前 1min 内空间电荷由负极性逐渐向正极性过渡；在 1～10min 时界面处的空间电荷出现不规则分布；在 10～30min 时空间电荷在界面处，但是幅值逐渐减小。

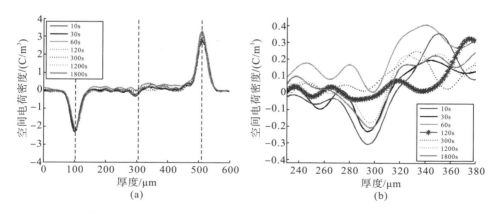

图 4-24 样品厚度约为 400μm、E=4kV/mm 时的空间电荷分布

图 4-25 所示为在上电极为正极性外施加电场强度为 5kV/mm 时空间电荷分布规律。在电极附近的空间电荷与前面的 3kV/mm、4kV/mm 基本类似，这里不

再重复说明，但是在两层介质的界面处，出现了正负两个峰，说明此处出现了电荷聚集，且极性与电极的极性相同。图 4-26 所示为在上电极为正极性外施加电场强度为 6kV/mm 时空间电荷分布规律。在电极附近的空间电荷与前面的 4kV/mm 基本类似，且在两层介质的界面处，也出现了正负两个峰极性与电极的极性相同。此外，随着电场强度的增加，上层聚酯薄膜出现了体内空间，如图 4-25(b) 和图 4-26(b) 所示。体内空间电荷的出现将加剧聚酯薄膜材料的老化，体内空间电荷在入陷或脱陷过程中将释放出一定的能量，这些能量被其他分子吸收后有可能引起分子间化学键的断裂，从而降低分子聚合度，以及聚酯薄膜的绝缘性能。

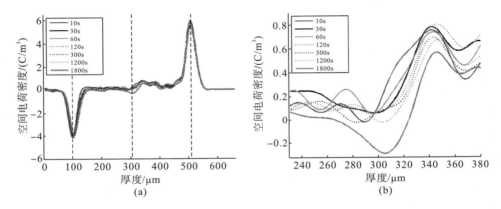

图 4-25   样品厚度约为 400μm、E=5kV/mm 时的空间电荷分布

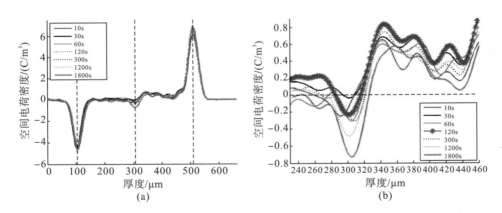

图 4-26   样品厚度约为 400μm、E=6kV/mm 时的空间电荷分布

图 4-27 所示为在上电极为正极性外施加电场强度为 7kV/mm 时空间电荷分布规律。与 6kV/mm 基本类似，这里不再重复说明。

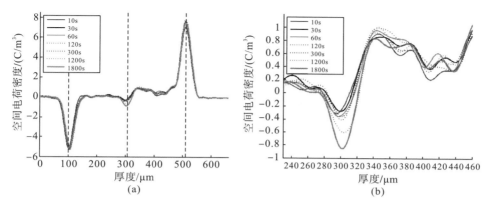

图 4-27　样品厚度约为 400μm、E=7kV/mm 时的空间电荷分布

图 4-28 所示为在上电极为正极性外施加电场强度分别为 3kV/mm、4kV/mm、5kV/mm、6kV/mm 和 7kV/mm 在 t=1800s 时空间电荷分布规律。从图 4-28 中可以看出，无论在两极还是在界面处空间电荷都随着电场强度的增大而增加。这是因为，随着电场强度的增大在电极表面出现了注入电荷，增加了电荷量。

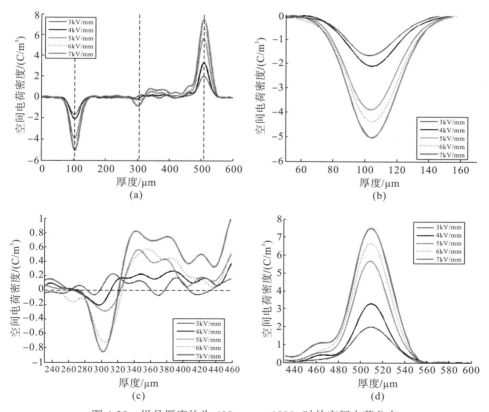

图 4-28　样品厚度约为 400μm、t=1800s 时的空间电荷分布

7. 双层负极性空间电荷特性

为了便于对比分析，本项目进一步研究负极性的空间电荷特性，即测量上电极负极性电压。两层低密度聚酯薄膜厚度约为 390μm，分别对样品施加-3kV/mm、-4kV/mm、-5kV/mm、-6kV/mm 和-7kV/mm 的电场强度，测试结果如图 4-29～图 4-34 所示。

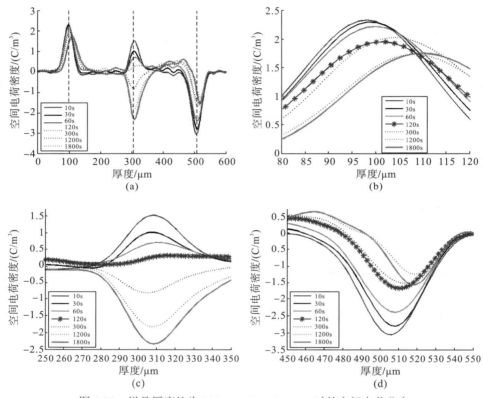

图 4-29　样品厚度约为 390μm、E=-3kV/mm 时的空间电荷分布

从图 4-29 中可以看出，在外施电场强度为-3kV/mm 时，随着加压时间的增加，下电极处和两层 PET 界面处的空间电荷逐渐减小，且峰值逐渐向材料内部移动，这主要是在界面处出现了正电荷向材料内部的注入而导致的。但是上电极处的空间变化规律比较复杂，在施压前 20min 之内电荷是逐渐减小的，当施压达到 30min 时空间电荷又出现增加，与下电极的情况相反，上电极的峰值逐渐向电极方向移动，类似于下电极，这是由于电子向材料内部的注入导致的。从图 4-29(a) 中可以看出，在两种材料的界面处的电荷除了单调减小之外，没有出现电极上峰值移动问题。

当外施电场强度为-4kV/mm 时，在下电极空间电荷的分布规律类似于外施-3kV/mm 的情况，如图 4-30(b) 和图 4-29(b) 所示，即随着加压时间的增加，下电极处和两层 PET 界面处的空间电荷逐渐减小，且峰值逐渐向材料内部移动，这主要是在界面处出现了正电荷向材料内部注入的情况导致的。但是从图 4-30(c) 中可以看出，在两种材料的界面处的电荷不再是单调减小，因为在 30min 时空间电荷不但没有减小反而有略微的增加。在下电极的空间电荷的变化情况与外施电场强度为-3kV/mm 的情况类似，这里不再重复说明。

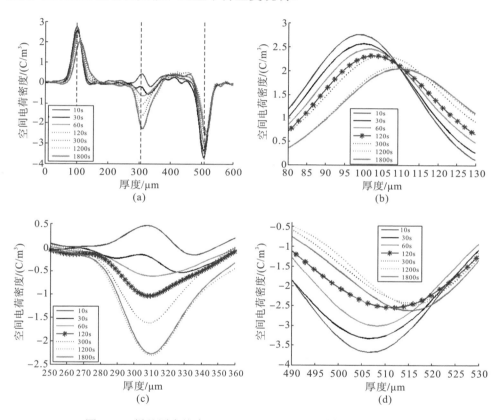

图 4-30　样品厚度约为 390μm、E=-4kV/mm 时的空间电荷分布

当外施电场强度为-5kV/mm 时，如图 4-31 所示。下电极附近的空间电荷不再是单调性变化，在前 1min 内空间电荷的分布变化规律不明显，但是随着时间的增加，在 2～30min 之内电极附近的空间电荷随时间逐渐减小，同前面的类似，峰值逐渐向材料侧移动。从图 4-31(c) 中可以看出，在两种材料的界面处的电荷随时间单调减小，但在 t=1200s 和 t=1800s 时刻的空间电荷峰值相差非常小，说明两种材料的界面处的空间电荷在这个电场强度下逐渐趋于饱和。在上电极附近的空间电荷的变化较为复杂，基本上是随时间先增加后减小的变化规律，这一点和前面

的几种电场强度下的变化规律略有不同。

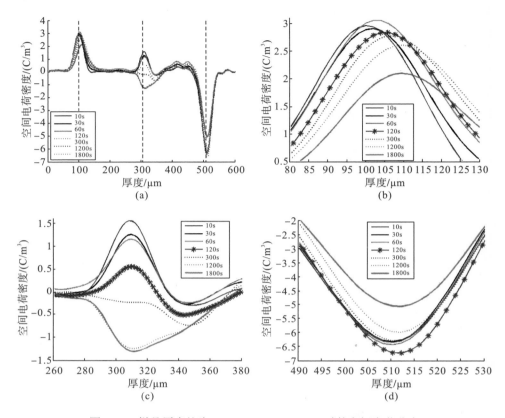

图 4-31　样品厚度约为 390μm、E=-5kV/mm 时的空间电荷分布

　　当外施电场强度为-6kV/mm 时，如图 4-32 所示。下电极附近的空间电荷不再是单调性变化，不单调时间比-5kV/mm 情况增加了 1min，即在前 2min 内空间电荷的分布变化规律不明显，但是随着时间的增加，在 5～30min 之内电极附近的空间电荷随时间逐渐减小，同前面的类似。峰值逐渐向材料侧移动，且在 t=1200s 和 t=1800s 时刻的空间电荷峰值相差非常小，说明材料下电极处的空间电荷在这个电场强度下逐渐趋于饱和。从图 4-32(c)中可以看出，在两种材料的界面处的负电荷(电子)随时间逐渐增加，且在 t=1200s 和 t=1800s 时刻的空间电荷正峰消失。在上电极附近的空间电荷的变化较为复杂，但类似于下电极基本上在 t=1200s 和 t=1800s 时刻的空间电荷峰值相差非常小，说明材料上电极处的空间电荷在这个电场强度下逐渐趋于饱和。

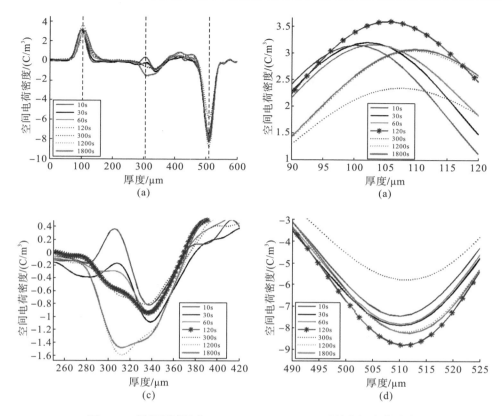

图 4-32　样品厚度约为 390μm、$E=-6kV/mm$ 时的空间电荷分布

　　当外施电场强度为-7kV/mm 时，如图 4-33 所示。下电极附近的空间电荷基本上为单调性递减，峰值逐渐向材料侧移动，且在峰值的材料侧是逐渐增加的，这些是由于发生了注入电荷导致材料内部的空间电荷逐渐增加。从图 4-33(c)中可以看出，在两种材料的界面处的负电荷(电子)随时间逐渐增加，且在 $t=300s$、1200s 和 $t=1800s$ 时刻的空间电荷正峰消失，形成了单一的负极性电荷峰值。在上电极附近的空间电荷的变化较为复杂，但类似于下电极，基本上在 $t=10s$、30s、60s、120s、300s、1200s 和 $t=1800s$ 时刻的空间电荷峰值相差较小，这是因为随着外施电场强度的增大，材料电极处达到饱和所需要的时间也随之减小，根据前面的研究分析，随着温度的上升，聚酯薄膜材料界面变得越来越粗糙，出现间隙，根据仿真计算的结果，界面处由于接触间隙的存在，使得介电常数不再均匀。这将导致此处的电场发生畸变，畸变后的电场强度将达到外施电场强度的十几倍，在如此大的电场强度下电极附近的空间电荷将在极短的时间内达到一个较大的值。

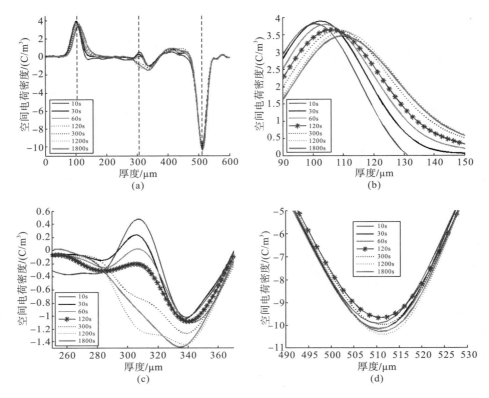

图 4-33　样品厚度约为 390μm、E=-7kV/mm 时的空间电荷分布

图 4-34 所示为在上电极为正极性外施加电场强度分别为-3kV/mm、-4kV/mm、-5kV/mm、-6kV/mm 和-7kV/mm 在 t=1800s 时刻的空间电荷分布规律。从图 4-34 中可以看出，在两极处空间电荷都随着电场强度的增大而增加，这是因为，随着电场强度的增大在电极表面出现了注入电荷。

对比图 4-34（b）和图 4-34（d）可以看出，在两电极处正负极性的空间电荷的变化规律差距较大，在下电极为-4kV/mm 和-5kV/mm 时的空间电荷峰值差距较小，而为-6kV/mm 时下电极的空间电荷峰值突然增加。这说明在-5kV/mm 和-6kV/mm 时下电极处的电荷形成的机理发生了变化；而在上电极不存在这种变化规律。

从图 4-34（c）中可以看出，在两层介质的界面处，空间电荷变化出现了正极性没有的规律，在-3kV/mm、-4kV/mm 和-5kV/mm 的外施电场强度的作用下，界面处的空间电荷逐渐减小，且峰值的位置变化不大，但是当电场强度再增大时峰值的位置向上电极方向移动。

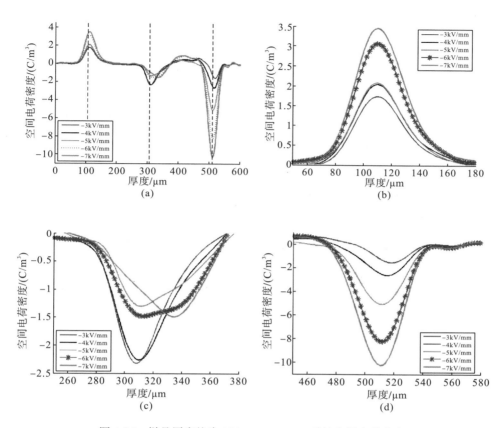

图 4-34 样品厚度约为 390μm、$t=1800$s 时的空间电荷分布

8. 80℃下老化 7 天的双层聚酯薄膜界面负极性空间电荷特性分析

由 80℃下老化 7 天的实验数据(图 4-35)可知,同一电场强度下,随着加压时间的增加,上下电极处感应的空间电荷密度先增大后减小并最终趋于稳定,峰值逐渐向样品内侧偏移。与此同时,双层介质界面处逐渐积累起正/负两个峰值,负电荷峰值稍大于正电荷峰值,且峰值逐渐向阴极偏移。随着电场强度的增大,阳极注入样品内部的正电荷逐渐增多。在界面处积累的正负极性空间电荷也随着电场强度的增大而增加。

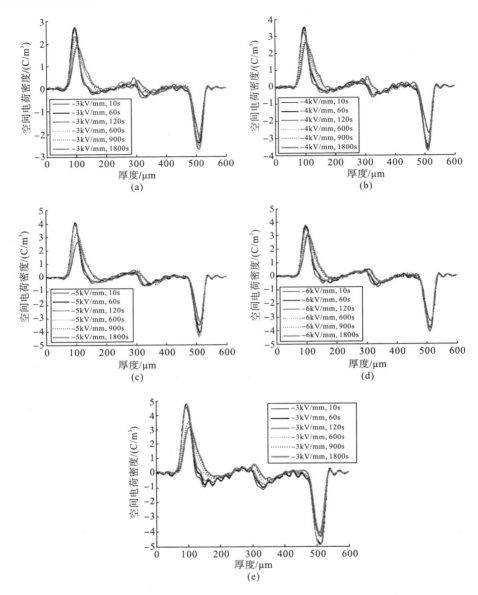

图4-35　80℃下老化7天的双层聚酯薄膜界面负极性空间电荷特性分析

9.130℃下老化7天的双层聚酯薄膜界面负极性空间电荷特性分析

由130℃下老化7天的实验数据(图4-36)可知，在同一电场强度下，随着加压时间的增加，阳极处的感应空间电荷密度迅速增大至最大值，之后逐渐减小，峰值向样品内部偏移。阴极处感应空间电荷密度逐渐增大至最大值，之后略有减小。双层介质界面处迅速积累起大量正极性空间电荷，随着加压时间的增加，正

极性峰值逐渐减小，并向靠近阴极一侧的试样偏移。靠近阴极的一层样品注入了
一定量正极性空间电荷，且分布均匀。随着电场强度的增大，界面处积累的正极
性空间电荷逐渐增加，靠近阴极的一层样品注入正极性空间电荷量也逐渐增加。

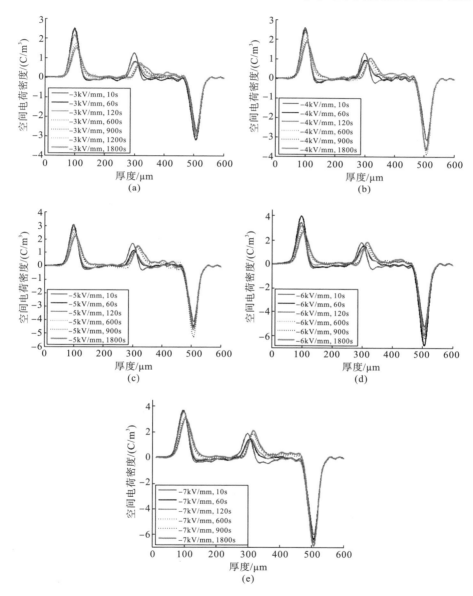

图 4-36　130℃下老化 7 天的双层聚酯薄膜界面负极性空间电荷特性分析

10. 80℃与130℃下老化7天的双层聚酯薄膜界面负极性空间电荷特性分析对比

80℃与130℃下老化7天的双层聚酯薄膜界面负极性空间电荷特性分析对比如图4-37所示。

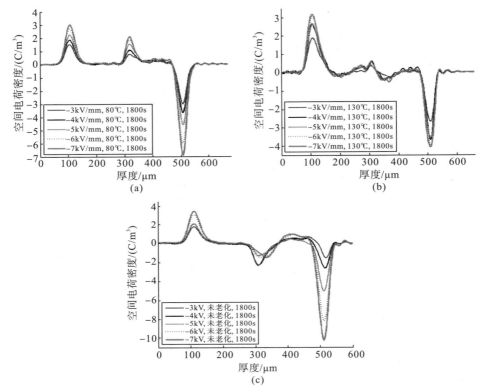

图4-37　80℃与130℃下老化7天的双层聚酯薄膜界面负极性空间电荷特性分析对比

由图4-37(a)可知，在老化7天且温度为80℃的情况下，双层介质界面处积累的空间电荷只显示为正极性，并且在靠近阴极的一层样品内积累了少量正极性空间电荷。由图4-37(b)可知，在老化7天且温度为130℃的情况下，双层介质界面积累的空间电荷有正负两个极性，并且靠近阳极的一层样品内积累了少量正极性空间电荷。由图4-37(c)可知，在未老化的情况下，双层介质界面处积累的空间电荷只显示为负极性，随着加压时间的增加，负极性峰值逐渐减小，并向阴极侧偏移。阴极处感应的空间电荷峰值逐渐增大。

11. 80℃下老化14天的双层聚酯薄膜界面负极性空间电荷特性分析

80℃下老化14天的双层聚酯薄膜界面负极性空间电荷特性分析如图4-38所示。

    由图 4-38 可知，在同种电场强度下，双层介质界面处保持正负两个峰值，靠近阴极的电极处有少量正极性电荷积累，上下电极处感应空间电荷密度峰值先增大后减小，最后趋于稳定。阳极处电荷密度峰值向样品内部偏移严重。相比老化 7 天且温度为 80℃的波形，双层介质界面处积累的正极性空间电荷增加明显，与界面处负极性电荷密度相当。

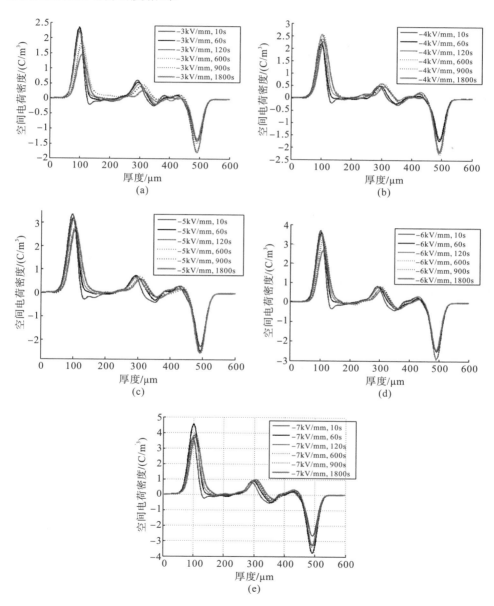

图 4-38   80℃下老化 14 天的双层聚酯薄膜界面负极性空间电荷特性分析

12. 130℃下老化 14 天的双层聚酯薄膜界面负极性空间电荷特性分析

130℃下老化 14 天的双层聚酯薄膜界面负极性空间电荷特性分析如图 4-39 所示。

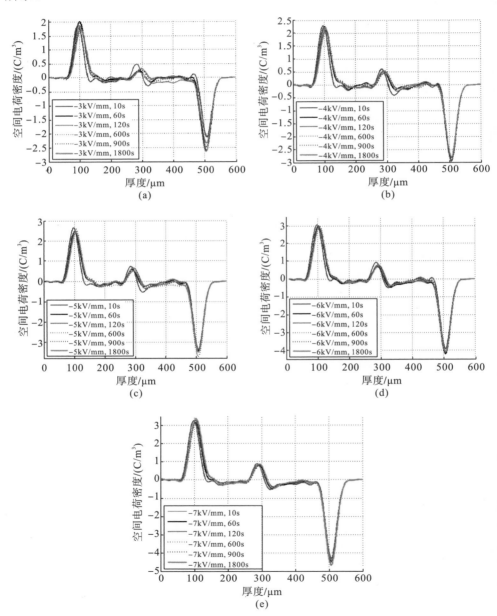

图 4-39　130℃下老化 14 天的双层聚酯薄膜界面负极性空间电荷特性分析

由图 4-39 可知，在同样电场强度下，随着加压时间的增加，上下电极处感应空间电荷密度都迅速增大，之后只有略微减小，上下电极峰值偏移都不明显。双层介质界面处除了积累了大量正极性空间电荷外，还积累了少量负极性空间电荷，这与老化 7 天且温度为 130℃的波形不同。靠近阴极的一层样品内也注入了一定量负极性空间电荷，且随着外施电压的增大而增加。这说明老化时间的增加，对界面表面积聚空间电荷的特性有一定影响。

13. 80℃与 130℃下老化 14 天的多层聚酯薄膜界面处负极性空间电荷特性分析对比

80℃与 130℃下老化 14 天的多层聚酯薄膜界面负极性空间电荷特性分析对比如图 4-40 所示。

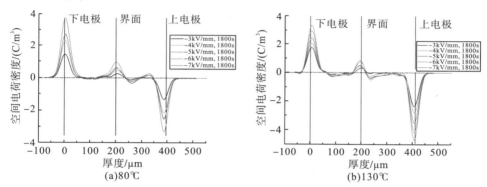

图 4-40   80℃与 130℃下老化 14 天的多层聚酯薄膜界面负极性空间电荷特性分析对比

由图 4-40（a）可知，在老化 14 天且温度为 80℃时，随着电场强度的增大，多层介质界面处正、负极性空间电荷逐渐增加，上下电极处感应的空间电荷密度也逐渐增大。另外，上下电极峰值都向样品内部发生了一定偏移。由图 4-40（b）可知，在老化 14 天且温度为 130℃时，随着电场强度的增大，多层介质界面处积累的正电荷峰值逐渐增大。靠近阴极的一层样品内积累的负极性空间电荷也逐渐增加。上下电极处感应的空间电荷峰值随着电场强度增大而增加，且都向样品内部发生了一定偏移。

14. 80℃下老化 30 天的双层聚酯薄膜界面负极性空间电荷特性分析

80℃下老化 30 天的双层聚酯薄膜界面负极性空间电荷特性分析如图 4-41 所示。

由图 4-41 可知，在同样电场强度下，随着加压时间的增加，上下电极处感应空间电荷密度峰值迅速增大，之后变化不明显。双层介质界面处正、负极性两个峰值在加压初期基本达到稳定状态。随着外施电压的增大，双层介质界面处和上下电极处感应的空间电荷密度都明显增大。下电极正电荷峰值发生了明显偏移。

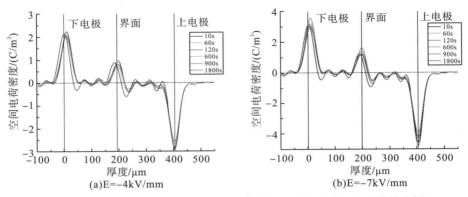

图 4-41   80℃下老化 30 天的双层聚酯薄膜界面负极性空间电荷特性分析

15. 130℃下老化 30 天的双层聚酯薄膜界面负极性空间电荷特性分析

130℃下老化 30 天的双层聚酯薄膜界面负极性空间电荷特性分析如图 4-42 所示。

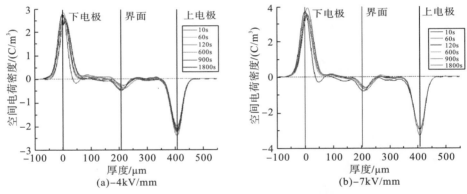

图 4-42   130℃下老化 30 天的双层聚酯薄膜界面负极性空间电荷特性分析

由图 4-42 可知，在同种电场强度下，随着加压时间的增加，上电极处感应的空间电荷密度先迅速增大后逐渐减小并向内侧偏移。下电极处感应的空间电荷密度逐渐增大，偏移不明显。双层介质界面处积累的空间电荷极性完全变成负极性，在靠近下电极的一层样品内，积累了一定量正极性电荷。随着电场强度的增加，双层介质界面处积累的空间电荷增大。

16. 80℃与 130℃下老化 30 天的多层聚酯薄膜界面负极性空间电荷特性分析对比

80℃与 130℃下老化 30 天的多层聚酯薄膜界面负极性空间电荷特性分析对比如图 4-43 所示。

由图 4-43（a）可知，在老化 30 天且温度为 80℃时，随着电场强度的增大，上下极处感应的空间电荷密度逐渐增大。多层介质界面处正、负两个电荷峰值也逐渐增大，正极性电荷量大于负极性电荷量。由图 4-43（b）可知，在老化 30 天且温度为 130℃时，随着电场强度的增大，上下电极处感应电荷密度逐渐增大。多层介质界面处积累的空间电荷只显示负极性。对比图 4-40 可知，在温度为 80℃情况下，随着老化时间的增加，多层介质界面处积累的正极性空间电荷逐渐占据主导地位；在 130℃情况下，随着老化时间的增加，多层介质界面处积累的空间电荷逐渐变成负极性，正极性电荷波峰消失。

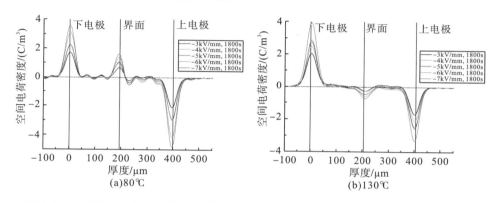

图 4-43 80℃与130℃下老化 30 天的多层聚酯薄膜界面负极性空间电荷特性分析对比

4.2.2 小结

（1）在未老化的情况下，双层介质界面处积累的空间电荷只显示为负极性，随着加压时间的增加，负极性峰值逐渐减小，并向阴极侧偏移。阴极处感应的空间电荷峰值逐渐增大。

（2）在老化 7 天且温度为 80℃的情况下，双层介质界面处积累的空间电荷有正、负两个极性，负极性电荷量大于正极性电荷量，并且靠近阳极的一层样品内积累了少量正极性空间电荷；随着时间的增加和电场强度的增大，上下电极处感应的空间电荷密度逐渐增大。双层介质界面处正、负两个电荷峰值也逐渐增大，正极性电荷量大于负极性电荷量。

（3）在老化 7 天且温度为 130℃的情况下，双层介质界面处积累的空间电荷只显示为正极性，并且在靠近阴极的一层样品内积累了少量正极性空间电荷。老化 14 天的情况下，随着电场强度的增大，上下电极处感应电荷密度逐渐增大。双层介质界面处积累的空间电荷只显示正极性。但靠近阴极的一层试样内积累了大量负极性空间电荷。老化 30 天，随着电场强度的增大，上下电极处感应电荷密度逐渐增大。双层介质界面处积累的空间电荷只显示负极性。

(4) 对比前面的图可知，在老化温度为80℃的情况下，随着老化时间的增加，双层介质界面处积累的正极性空间电荷逐渐占据主导地位；在老化温度为 130℃ 的情况下，随着老化时间的增加，双层介质界面处积累的空间电荷逐渐变成负极性，正极性电荷波峰消失。

4.3 结   论

(1) 电抗器设计温升偏高，从实测情况来看，电抗器长期在接近其匝间绝缘材料的上限温度下运行，存在匝间绝缘加速老化情况。

(2) 从材料老化机理的研究中可以看出，材料老化后，聚合物出现损伤，发生分子链长链断链，其电气性能大幅降低，从而导致电抗器故障频发。

(3) 通过对匝间绝缘材料高温老化特性的研究，揭示了电抗器运行 14 年以上其故障率高达 42.86%，其使用寿命远低于 30 年的合同要求的主要原因。

5 电抗器受力情况研究

表 5-1 所示为某制造厂电抗器发生故障的情况。从表 5-1 中可以看出,烧损部位很整齐:两台在第 1 包封、两台在第 13 包封,都是最内或最外包封受损。一般情况下,最内或最外包封均为散热条件比较好、温升不高的位置,但是是受力情况较差的地方,中间包封有来自两侧的其他包封体的支撑,可互为依靠,承受力情况较好,边包封就只有来自单侧的支撑,承受力情况较差。

表 5-1 某制造厂电抗器发生故障的情况表

单位	运行位置	制造厂	型号	出厂日期	投运日期	故障时间	运行年限	烧损部位
YNYS	YS1-2-A	ST	BKDCKL-20000/34.5	2010 年 8 月	2011 年 1 月 25 日	2011 年 3 月 21 日	2 个月	1(13)
YNYS	YS1-1-B	ST	BKDCKL-20000/34.5	2010 年 8 月	2011 年 1 月	2012 年 6 月 11 日	1 年 5 个月	1(13)
YNYS	YS1-3-B	ST	BKDCKL-20000/34.5	2010 年 8 月	2011 年 1 月	2012 年 8 月 5 日	1 年 7 个月	13(13)
YNYS	YS1-1-C	ST	BKDCKL-20000/34.5	2013 年 2 月	2013 年 5 月	2015 年 7 月 3 日	2 年 2 个月	13(13)

图 5-1 所示为包封开裂、分层等情况。这些情况都有别于上述的发热问题,因此,开展了电抗器受力分析及实验测量研究。

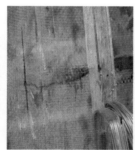

图 5-1 包封开裂、包封分层湿气进入诱发爬电、匝间短路情况

5.1　电磁场与电动力的大小与危害

5.1.1　电动力与电磁场的数值计算方法

1. 电磁场数值解析基本原理

麦克斯韦方程组是电磁场理论的基础，也是工程电磁场数值分析的出发点。其微分方程为

$$\begin{cases} \nabla \times \boldsymbol{H} = \boldsymbol{J} + \dfrac{\partial \boldsymbol{D}}{\partial t} \\ \nabla \times \boldsymbol{E} = -\dfrac{\partial \boldsymbol{B}}{\partial t} \\ \nabla \cdot \boldsymbol{B} = 0 \\ \nabla \cdot \boldsymbol{D} = \rho \end{cases} \tag{5-1}$$

式中，$\nabla \times$——旋度算子；

　　　$\nabla \cdot$——散度算子；

　　　$\boldsymbol{H}$——磁场强度矢量；

　　　$\boldsymbol{J}$——电流密度矢量；

　　　$\boldsymbol{D}$——电位移矢量；

　　　t——时间；

　　　$\boldsymbol{E}$——电场强度矢量；

　　　$\boldsymbol{B}$——电磁感应强度矢量；

　　　ρ——体积电荷密度。

定义矢量磁势 $\boldsymbol{A}$ 为

$$\boldsymbol{B} = \nabla \times \boldsymbol{A} \tag{5-2}$$

定义标量电势 ϕ 为

$$\boldsymbol{E} = -\nabla \phi \tag{5-3}$$

经过推导，可以得到磁场偏微分方程和电场偏微分方程分别为

$$\nabla^2 A - \mu \varepsilon \frac{\partial^2 A}{\delta t^2} = -\mu \boldsymbol{J} \tag{5-4}$$

$$\nabla^2 \phi - \mu \varepsilon \frac{\partial^2 \phi}{\partial t^2} = -\frac{\rho}{\varepsilon} \tag{5-5}$$

式中，μ——磁导率；

　　　ε——介电常数；

　　　∇^2——拉普拉斯算子，表达式为

$$\nabla^2 = \frac{\partial^2}{\partial x^2} + \frac{\partial^2}{\partial y^2} + \frac{\partial^2}{\partial z^2} \tag{5-6}$$

对磁场偏微分方程和电场偏微分方程进行求解，可以得到矢量磁势和标量电势，进一步转化可以得到电磁场的其他物理量。

2. 磁场与电动力数值计算方法

(1)投入干式空心并联电抗器时的电流。

投入干式空心并联电抗器时，简化等值电路图如图 5-2 所示。图 5-2 中，L 为电抗器等值电感，R 为电抗器等值电阻，K 为断路器，U 为系统电压。

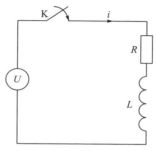

图 5-2   简化等值电路图

设系统电压为

$$U = U_m \sin(\omega t + \phi) \tag{5-7}$$

断路器投入后，流过电抗器的电流为

$$i = \frac{U_m}{\omega L}\left[\exp\left(-\frac{Rt}{L}\right)\cos\phi - \cos(\omega t + \phi)\right] \tag{5-8}$$

式中，ω——角频率；

ϕ——初始相位。

投入干式空心并联电抗器时，流过电抗器的电流是一个暂态电流和一个稳态电流的叠加。暂态电流随着时间的增加而逐渐衰减，大小与投切初始相位相关，当电压初始相位为零时暂态电流最大。在 50Hz 频率下，0 相位投入，0.01s 时刻流过电抗器的电流达到最大值。

投入干式空心并联电抗器后，随着时间的增加暂态电流逐渐衰减到零，电路进入稳态。此时，流过干式空心电抗器的电流为

$$i = \frac{U_m}{\omega L}\left[-\cos(\omega t + \phi)\right] \tag{5-9}$$

(2)磁场与电动力数值计算原理。

利用 ANSYS 软件的场-路耦合方法对干式空心并联电抗器磁场和电动力进行分析时，需要对有限元磁场方程和电路方程同时求解。它们满足如下矩阵方程组。

$$\begin{bmatrix} [0] & [0] & [0] \\ [C^{iA}] & [0] & [0] \\ [0] & [0] & [0] \end{bmatrix} \begin{Bmatrix} \dot{A} \\ 0 \\ 0 \end{Bmatrix} + \begin{bmatrix} [K^{AA}] & [K^{Ai}] & [0] \\ [0] & [K^{ii}] & [K^{ie}] \\ [0] & [0] & [0] \end{bmatrix} \begin{Bmatrix} A \\ i \\ e \end{Bmatrix} = \begin{Bmatrix} 0 \\ 0 \\ 0 \end{Bmatrix} \tag{5-10}$$

式中，$[C^{iA}]$——感应组逆矩阵；

$\{\dot{A}\}$——时间微分；

$[K^{AA}]$——位劲度矩阵；

$[K^{Ai}]$——位—电流耦合劲度矩阵；

$[K^{ii}]$——电阻劲度矩阵；

$[K^{ie}]$——电流—电动势降耦合劲度系数；

A——电磁矢量位；

i——节点电流密度；

e——节点电动势降。

磁通密度 B、磁场强度 H 都可以由节点电磁矢量位 A 计算出来。

$$B = \nabla \times A \tag{5-11}$$

$$B = \mu H \tag{5-12}$$

线圈上任意体积 vol 上所受的 Lorentz 力由下式计算。

$$F = \int_{vol} N^{T}(J \times B)\mathrm{d}(vol) \tag{5-13}$$

式中，N——形状函数矢量。

设干式空心并联电抗器的各线圈、绝缘介质以及空气，均为线性、均匀、各向同性媒质。各线圈外施电压为 $U(t) = U_m \sin(\omega t + \phi)$，各线圈的场-路关系满足：

$$U(t) = e_L + i_L R_L + L\frac{\mathrm{d}i_L}{\mathrm{d}t} \tag{5-14}$$

$$e_L = N\frac{\mathrm{d}}{\mathrm{d}t}\int A \mathrm{d}l \tag{5-15}$$

$$J = \frac{Ni_L}{S_L} \tag{5-16}$$

线圈内部满足：

$$\nabla^2 A = -\mu_0 J \tag{5-17}$$

绝缘与空气内部满足：

$$\nabla^2 A = 0 \tag{5-18}$$

线圈与绝缘边界满足：

$$\frac{\partial A}{\partial m}\Big|l = 0 \tag{5-19}$$

空气区域足够大时，四周边界均设置为磁力线平行边界条件。

式中，e_L——感应电势；

    i_L——线圈瞬时电流；

    R_L——线圈等效电阻；

    L——线圈自感；

    N——线圈匝数；

    S_L——线圈截面积；

    l——轴向尺寸；

    J——电流密度。

（3）有限元建模。

干式空心并联电抗器为轴对称结构，建立了轴对称二维模型对其进行磁场与电动力有限元数值分析。模型中线圈、绝缘及空隙几何尺寸与干式空心并联电抗器 BKDK-20000/35 完全一致，总体与局部放大有限元建模图形如图 5-3 所示。

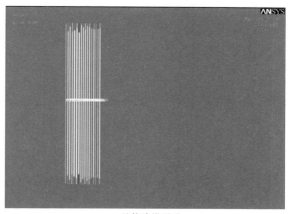

(a)总体建模图形

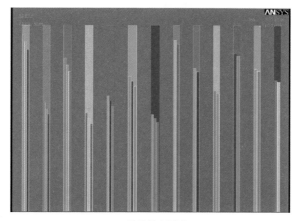

(b)局部放大图形

图 5-3　干式空心并联电抗器磁场分布总体与局部放大有限元建模图形

通过反复调整，采用了三角形六级自由剖分，保证计算精度的同时也最大限度地节约了计算时间，模型剖分图如图 5-4 所示。

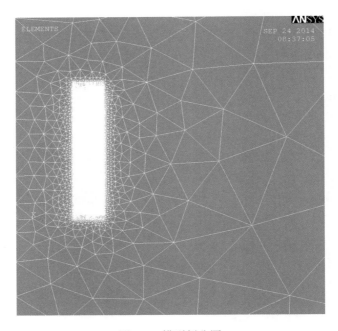

图 5-4   模型剖分图

（4）电路模型。

将有限元模型中的每层线圈与电路中对应的线圈相耦合，场-路耦合的电路模型如图 5-5 所示。电路中所有线圈并联后再接一个电压源作为激励，电源电压峰值为 28573V，频率为 50Hz，与线圈额定参数一致。

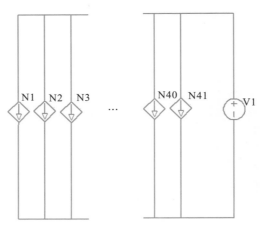

图 5-5   场-路耦合的电路模型

(5)场-路耦合模型校验。

采用 ANSYS 软件对场-路耦合模型进行稳态数值解析，得到了各支路稳态电流，对建立的模型进行了校核。

计算单提供的电流作为校验值，ANSYS 得到的电流计算值与校验值比较结果如图 5-6 所示。两者具有较好的一致性，说明了场-路耦合模型的正确性。与前面数值解析结果相一致，也发现外部 3 个包封支路电流有些差异。

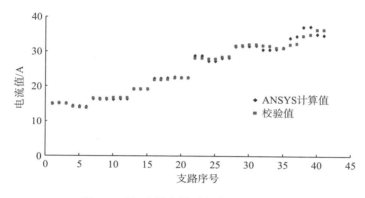

图 5-6　场-路耦合模型各支路电流校核

3. 电场数值计算方法

电抗器各支路三股并绕，在一匝内各股电压相同，在开展电场分析时，用一匝线近似模拟。以各匝为基本单元建立场-路耦合电路，可以解析出各匝电势。由于干式空心并联电抗器支路数及各支路匝数非常多，以各匝为基本单元建立的场-路耦合模型非常庞大。为了简化计算模型又不失一般性，同时考虑外层线圈的匝数少，因此取最外部 3 个包封共 6 层线圈以各匝为单元建立模型，其他包封以线圈为单元建立模型。

外部 3 个包封 ANSYS 电场仿真建模二维剖面图如图 5-7 所示。场-路耦合的电路模型如图 5-8 所示。将有限元模型中的每一匝线圈与电路中的一个线圈单元相耦合，同一支路线圈各匝串联，各支路线圈之间相互并联。

以外部 3 个包封为研究对象数值计算匝间电场和端部电场分布。下边界为大地，上边界和周围空间足够大，属于自由边界。电抗器绝缘材料的相对介电常数取 4.5，空气相对介电常数取 1。

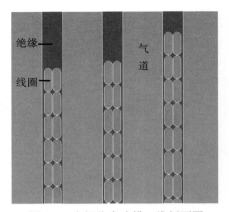

图 5-7   电场仿真建模二维剖面图

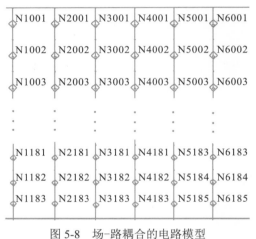

图 5-8   场-路耦合的电路模型

5.1.2   电磁场与电动力数值计算结果

1．磁场数值计算结果

（1）稳态磁场分布。利用 ANSYS 软件进行数值解析的干式空心并联电抗器稳态磁力线与磁通密度分布如图 5-9 所示。

干式空心并联电抗器的稳态磁场发散，轴向沿几何中心对称分布，幅向以第 15 包封的第 36 个支路线圈为中心分布，内外不对称，内部线圈磁场强度远大于外部线圈磁场强度。对于整个电抗器，内层线圈轴向磁通大，而外部线圈则是幅向磁通大，磁通密度最大区域出现在最内层线圈中部，最小值出现在第 36 层线圈中部。

（2）暂态磁场分布。初始相位为 0 时投入电压源，在 0.01s 时刻电抗器电流达到最大值。ANSYS 软件数值解析的 0.01s 时刻磁力线与磁通密度分布如图 5-10 所示。

　　干式空心并联电抗器暂态磁场与稳态磁场的磁力线分布及磁通密度分布规律相同，暂态最大磁通密度接近稳态磁通密度的两倍，这与投入干式空心并联电抗器暂态电流增大的特性相一致。

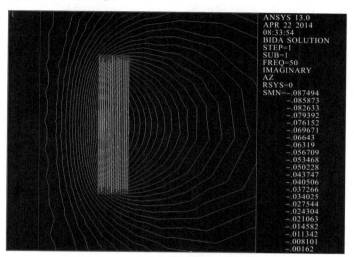

(a)稳态磁力线分布

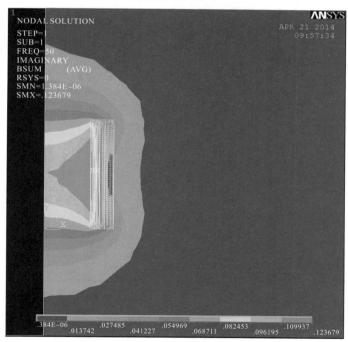

(b)稳态磁通密度分布

图 5-9　稳态磁力线与磁通密度分布

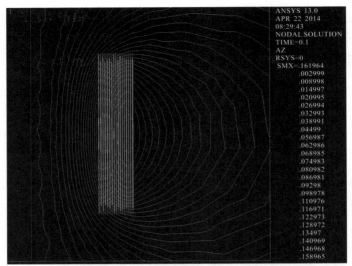

(a)0.01s时刻磁力线分布

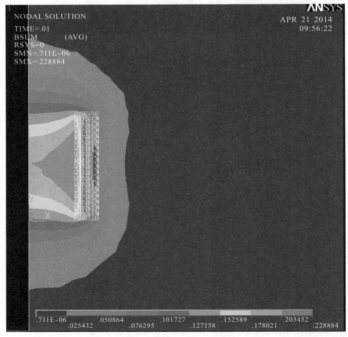

(b)0.01s时刻磁通密度分布

图 5-10　0.01s 时刻磁力线与磁通密度分布

　　(3)匝数偏差条件下磁场分布。以第 24 层线圈为例，匝数减少 2 匝，ANSYS 软件数值解析的 0.01s 时刻磁力线与磁通密度分布如图 5-11 所示。

　　第 24 层线圈匝数减少两匝对干式空心并联电抗器暂态磁场分布和磁通密度

分布的影响并不明显。

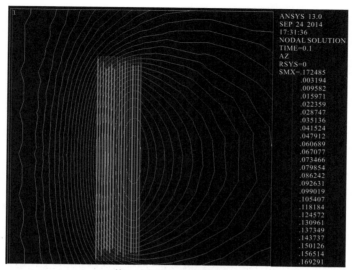

(a)第24层线圈减少2匝磁力线分布

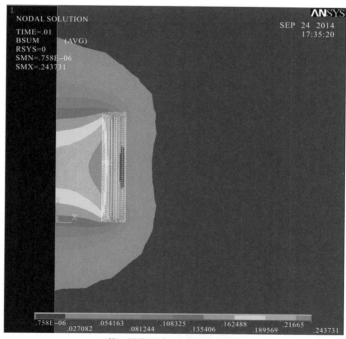

(b)第24层线圈减少2匝磁通密度分布

图 5-11　第 24 层线圈减少 2 匝后的磁力线与磁通密度分布

以第 24 层线圈匝数增加 2 匝，ANSYS 软件数值解析的 0.01s 时刻磁力线与磁通密度分布如图 5-12 所示。

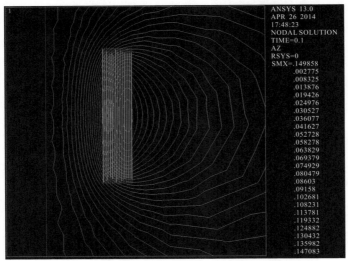

(a)第24层线圈匝数增加2匝磁力线分布

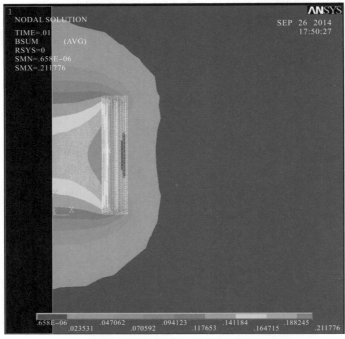

(b)第24层线圈匝数增加2匝磁通密度分布

图 5-12　第 24 层线圈匝数增加 2 匝磁力线与磁通密度分布

第24层线圈匝数增加2匝对干式空心并联电抗器暂态磁场分布和磁通密度分布的影响也不明显。

（4）磁场分布特性总结。干式空心并联电抗器的磁场发散，内部磁场分布极不均匀。内层线圈主要为轴向磁通，磁通密度大；外层线圈主要为幅向磁通，磁通密度小；投入干式空心并联电抗器时最大暂态磁通密度接近稳态磁通密度的两倍；在匝数工艺偏差两匝的情况下，理论计算局部支路电路变化非常大，但由于各处磁场由所有支路电流产生，因此匝数工艺偏差对磁场分布特性影响并不明显。

2. 电动力数值计算结果

（1）稳态电动力分布。

初始相位为 0 的条件下，ANSYS 软件对场-路耦合模型进行了稳态电动力数值解析，最内层线圈中部 1cm 高度所受稳态电动力大小随时间变化曲线如图 5-13 所示。

稳态电动力按照两倍工频周期发生周期性变化。在每一周期的 0.02s 内，0.005s 和 0.015s 时刻稳态电动力数值最大。

取 1cm 高度电动力表述分布特性，在 0.015s 时刻的电动力，轴向力向上为正方向，多层线圈稳态轴向电动力分布特性如图 5-14 所示。幅向力向外为正方向，多层线圈稳态幅向电动力分布特性如图 5-15 所示。

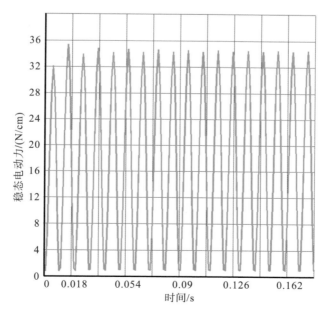

图 5-13　稳态电动力大小随时间变化曲线

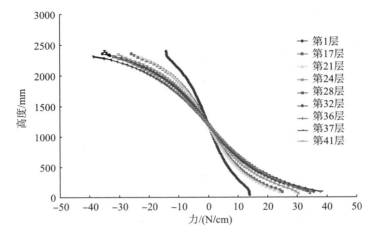

图 5-14　稳态轴向电动力分布特性

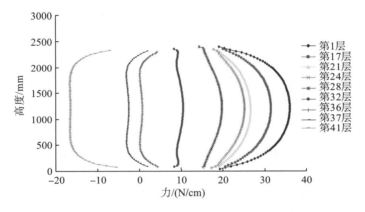

图 5-15　稳态幅向电动力分布特性

在轴向方向，电动力从上下两端向线圈中间压缩线圈，试图使电抗器高度减小。在幅向方向，以第 36 层线圈为中心，电动力从内外两侧向中间压缩线圈，试图使电抗器变薄。轴向电动力与轴向尺寸中心对称，幅向电动力不与几何尺寸中心对称。轴向和幅向电动力分布都极不均匀：外层线圈端部的轴向力大，内层线圈中部的幅向力大。

(2) 暂态电动力分布。

初始相位为 0 的条件下，ANSYS 软件对场-路耦合模型进行了暂态电动力数值解析，最内层线圈中部 1cm 高度所受暂态电动力随时间变化曲线如图 5-16 所示。

暂态电动力按照工频周期发生周期性变化。随周期增加暂态电动力逐步衰减，在第 1 个周期的 0.01s 时刻暂态电动力数值最大，与电流最大值时刻相对应。

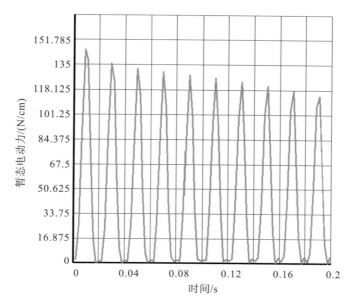

图 5-16　暂态电动力随时间变化曲线

取 0.01s 时刻的 1cm 高度电动力表述分布特性。轴向力向上为正方向,多个支路线圈轴向电动力分布特性如图 5-17 所示。幅向力向外为正方向,多个支路幅向电动力分布特性如图 5-18 所示。

暂态电动力与稳态电动力分布规律一致,轴向电动力和幅向电动力的大小都明显增大,接近稳态电动力的 4 倍。

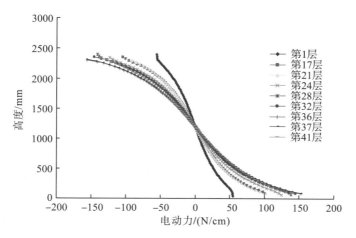

图 5-17　0.01s 暂态轴向电动力分布特性

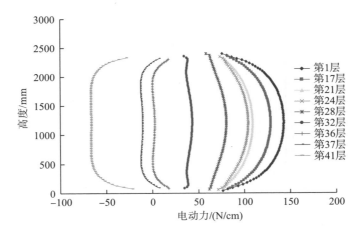

图 5-18　0.01s 暂态幅向电动力分布特性

(3)匝数偏差条件下电动力分布。

以第 24 层线圈匝数减少 2 匝为例，说明在匝数减少条件下电动力的分布。

初始相位为 0 条件下，ANSYS 软件对场-路耦合模型进行了暂态电动力数值解析，第 24 层线圈 1cm 高度所受暂态电动力随时间变化曲线如图 5-19 所示。

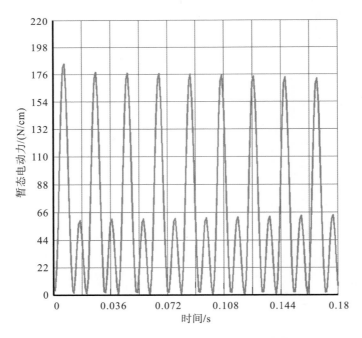

图 5-19　匝数减少 2 匝暂态电动力随时间变化曲线

　　第 24 层暂态电动力也按照工频周期发生周期性变化，暂态电动力相位发生了变化，在 0.007s 时刻达到最大值。

　　取 0.07s 时的 1cm 高度电动力表述分布特性，轴向力向上为正方向，多个支路线圈轴向电动力分布特性如图 5-20 所示。幅向力向外为正方向，多个支路幅向电动力分布特性如图 5-21 所示。

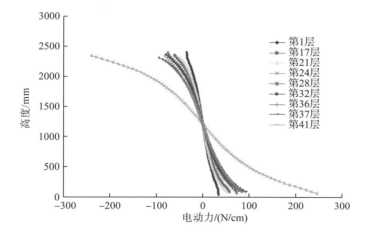

图 5-20　0.007s 第 24 层线圈减少 2 匝轴向电动力分布特性

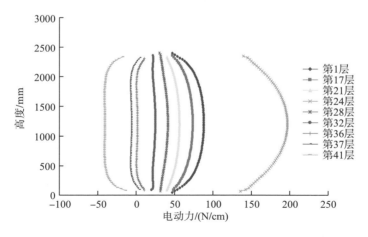

图 5-21　0.007s 第 24 层线圈减少 2 匝幅向电动力分布特性

　　以第 24 层线圈匝数增加 2 匝为例，说明在匝数增加条件下电动力的分布。

　　初始相位为 0 条件下，ANSYS 软件对场-路耦合模型进行了暂态电动力数值解析，第 24 层线圈 1cm 高度所受暂态电动力随时间变化曲线如图 5-22 所示。

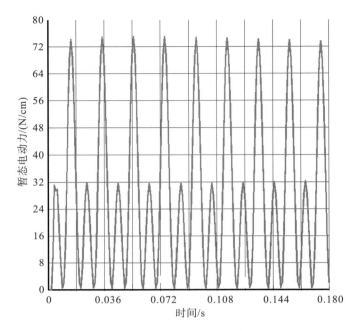

图 5-22　匝数增加 2 匝暂态电动力随时间变化曲线

第 24 层暂态电动力仍然按照工频周期发生周期性变化，暂态电动力相位也发生了变化，在 0.0149s 时刻达到最大值。

取 0.0149s 时刻的 1cm 高度电动力表述分布特性，轴向力向上为正方向，多个支路线圈轴向电动力分布特性如图 5-23 所示。幅向力向外为正方向，多个支路幅向电动力分布特性如图 5-24 所示。

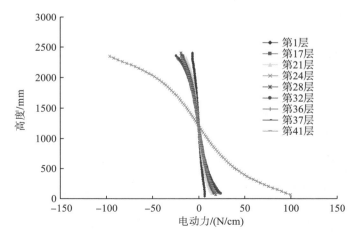

图 5-23　0.0149s 第 24 层线圈增加 2 匝轴向电动力分布特性

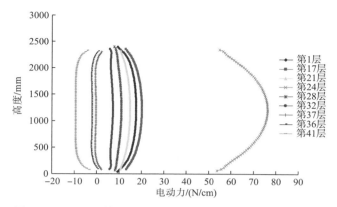

图 5-24　0.0149s 第 24 层线圈增加 2 匝幅向电动力分布特性

将图 5-23 与图 5-24 相比较可以发现，匝数偏差引起第 24 层线圈的轴向电动力和幅向电动力都明显增加。

（4）电动力分布特性总结。

干式空心并联电抗器电动力分布极不均匀，内层线圈幅向电动力大，最大值出现在线圈中部，而外部线圈轴向电动力大，最大值出现在线圈端部。投入电抗器时，暂态电流增加使暂态电动力也显著增大，轴向电动力和幅向电动力大小都接近稳态电动力的 4 倍；匝数偏差造成有偏差层线圈投入暂态电动力的相位发生改变，轴向电动力和幅向电动力大小也都明显增加。

5.2　应变量实际测量

5.2.1　传感器研制

人们研制了一种对外加应力应变不敏感的可埋入式光纤光栅应变传感器，其结构如图 5-25 所示。为了适应强电磁场环境的应变测量，该传感器采用全非金属

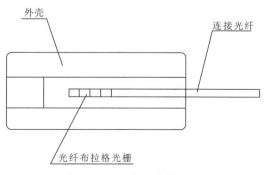

图 5-25　应变传感器结构

结构，封装成一体的传感器外形呈薄片状，便于安装与埋入。考虑到传感器埋入在干式空心并联电抗器中，传感器的结构设计和材料的选取有以下两点要求。

(1) 传感器体积较小，且封装成一体的材料呈矩形薄片状。

(2) 传感器选用全非金属材料。

该传感器由传感器外壳、敏感元件(光纤布拉格光栅)和连接光纤三部分组成。应变传感器的工作原理如下。

设传感器的有效应变长度为 L，承受应力为 F，横截面积为 A，弹性模量为 E，长度变化量为 ΔL，应变为 ε_1，光纤布拉格光栅的应变为 ε_{FBG}，那么：

$$F = k_1 \Delta L = \frac{AE\Delta L}{L} = AE\varepsilon_1 \tag{5-20}$$

$$\varepsilon_1 = \frac{F}{AE} = k_2 F \tag{5-21}$$

式中，k_1、k_2——常系数。

设定 FBG 与封装材料的应力应变为刚性传递，那么干式空心并联电抗器包封应力引起的聚四氟乙烯板结构的应变与 FBG 的应变相等，即

$$\varepsilon_1 = \varepsilon_{FBG} \tag{5-22}$$

FBG 应变变化量与布拉格波长移位呈正比：

$$\Delta\varepsilon_{FBG} = \frac{\Delta\lambda_\varepsilon}{k_\varepsilon} \tag{5-23}$$

由于作用在传感器上的外力及周围的温度场均能够导致布拉格中心波长产生漂移。因此，布拉格中心波长变化量 $\Delta\lambda$ 可以表示为

$$\Delta\lambda = k_\varepsilon\Delta\varepsilon + k_T\Delta T \tag{5-24}$$

式中，$\Delta\varepsilon$——光纤轴向的应变变化量；

ΔT——传感器周围的温度变化量；

k_ε、k_T——应变灵敏系数和温度灵敏系数。

由式(5-24)可知，温度和应变均能造成布拉格中心波长的漂移。为了得出被测物的应变量，采用温度补偿的方法消去温度变化导致的波长响应，从而计算出所求的应变量。总的波长漂移量与温度变化导致的波长漂移量之差只与应变有关，由此便可得到被测物发生的应变为

$$\Delta\varepsilon = \frac{\Delta\lambda - \Delta\lambda_T}{k_\varepsilon} \tag{5-25}$$

式中，$\Delta\lambda_T$——温度使 FBG 应变传感器的布拉格中心波长产生漂移量。

由此，将此传感器埋入到干式空心并联电抗器包封内部可实现干式空心并联电抗器应变的测量。此外，应变灵敏系数 k_ε 和温度灵敏系数 k_T 的具体数值由传感器实际标定来确定。

由于 FBG 应变传感器的布拉格波长移位受应变和温度的双重影响，因此需在

相同位置埋入温度传感器作为补偿。

在伺服电机作用下，试验机可以对待测传感器施加特定拉力值，该拉力同时作用于待测光纤布拉格光栅应变传感器与试验机自带高精度拉、压力传感器(标准测力传感器)，根据标准测力传感器输出可以较准确地得到实际加载拉力值。同时，对待测光纤光栅传感器输出布拉格中心波长随拉力变化过程的变化趋势进行分析，可以实现对该传感器的标定。由于该传感器非管状结构，因此进行应变标定时采取将传感器粘贴在金属管上，在金属管上施加拉力，来实现 FBG 应变传感器的标定，如图 5-26 所示。

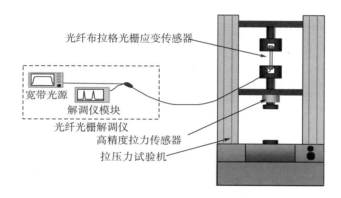

图 5-26   FBG 应变传感器标定系统原理图

采用拉力法，对所有的 FBG 应变传感器进行拉力响应测试，每次加约 200N 的拉力，将拉力经相应公式变换为应变。

FBG 应变传感器的应变公式为

$$\varepsilon_{总} = (\lambda_1 - \lambda_0)/B - \Delta T \cdot K_T / B \tag{5-26}$$

式中，$\varepsilon_{总}$——应变量($\mu\varepsilon$)；

B——FBG 应变传感器的应变系数；

K_T——应变传感器的温度补偿系数；

λ_1——应变光栅当前的波长值(nm)；

λ_0——应变光栅初始的波长值(nm)；

ΔT——温度变化量。

同时，FBG 应变传感器的温度参数的标定与 FBG 温度传感器温度的标定方法相同。

温度、应变同时测量的布点传感器分布图如图 5-27 和图 5-28 所示。

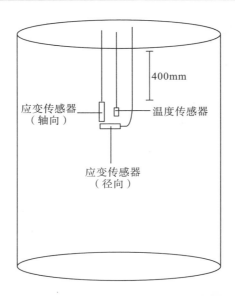

图 5-27　温度传感器、应变传感器同时测量的布点传感器分布图（正视图）

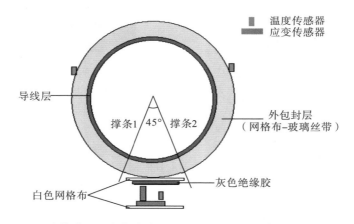

图 5-28　温度传感器、应变传感器同时测量的布点传感器分布图（俯视图）

5.2.2　固化过程应变监测

在干式空心并联电抗器环氧树脂固化过程中，需要实验监测包封温度、应变变化情况，以便观测电抗器物理结构在干燥室内对应于强制加热、冷却的自然变化过程。干式空心并联电抗器包封的温度随着环境炉温的变化而变化，由玻璃纤维和环氧树脂材料组成的包封在加热高温下会干燥固化，从而引起包封应力应变。

图 5-29 和图 5-30 所示分别为固化中干式空心电抗器第 5 包封和第 11 包封应

变监测趋势曲线图。在 35kV 干式空心并联电抗器的第 1、5、11 包封中分别在径向和轴向埋入一个光纤布拉格光栅应变传感器，分别监测所在包封的轴向和径向应变。由于预埋方法和包封绕制过程中有多种因素的影响，因此导致第 1 包封的应变传感器信号输出异常。

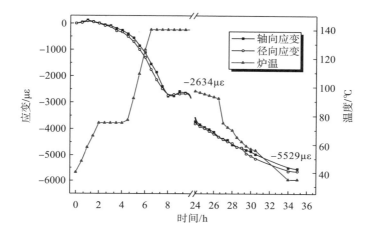

图 5-29 第 5 包封固化轴向、径向应变变化图

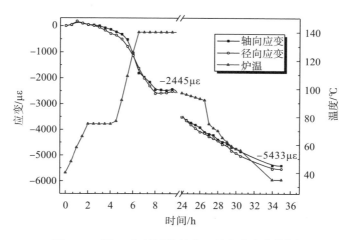

图 5-30 第 11 包封固化轴向、径向应变变化图

从应变监测时间序列信号中可以看出，固化过程中环氧树脂与玻璃纤维组成的包封材料不断收缩，轴向与径向应变基本相似，收缩量不断增加。固化过程中的应变受温度变化和包封收缩双重影响。固化完成后，最终包封温度接近室温(约为 35℃)时，应变约为 -5500με 轴向。电抗器高度按 2170mm 估算，其应变量为

$5500\times10^{-6}\times2170=11.9$mm。电抗器直径计为 3050-6×20（包封及风沟宽度）=2930mm，估算其应变量为 $5500\times10^{-6}\times2930\times\pi\approx50.6$mm。

5.2.3　温升试验中应变监测

温升试验中干式空心并联电抗器第 5 包封应变变化趋势曲线图如图 5-31 所示。在温升试验前期，由于工厂工作人员的不当行为损坏了若干传感器，其中第 11 包封的应变传感器均被损坏，监测得出了温升试验中第 5 包封应变随时间变化的曲线图。从曲线图中可以看出，应变传感器受绕组通电收缩产生收缩应力的作用，轴向与径向应变均沿负向增加，且包封径向收缩程度要高于轴向。最终，达到稳定状态后轴向应变稳定在 $-3200\mu\varepsilon$ 左右，高度按 2170mm 估算，其应变量为 $3200\times10^{-6}\times2170=6.944$mm 。 径 向 应 变 稳 定 在 $-4100\mu\varepsilon$ 左 右， 直 径 按 3050-6×20=2930mm 估算，其应变量为 $4100\times10^{-6}\times2930\times\pi\approx37.72$mm。

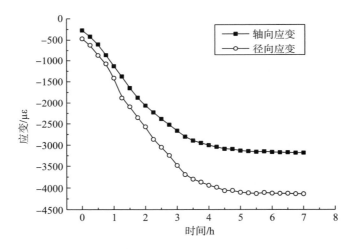

图 5-31　电抗器第 5 包封应变变化趋势曲线图

5.3　投入初期电抗器损坏情况

这里收集到部分电抗器故障发生时点的情况，投电初期发生故障，说明投入暂态电动力的危害是客观存在的。

投入初期电抗器损坏情况如表 5-2 所示。

表 5-2　投入初期电抗器损坏情况

序号	事件过程	投入至跳闸时间/min
	投入初期电抗器损坏情况	
1	WSYS 变电站 2010 年 3 月 9 日 20 时 0 分 7 秒 693 毫秒合上 2-2L 电抗器 324 断路器投运，20 时 2 分现场检查发现 2 号电抗器 A 相冒烟损坏	2
2	WSYS 变电站 2012 年 8 月 5 日 16 时 43 分 54 秒 723 毫秒合上 1-3L 电抗器 316 断路器投运，16 时 44 分 40 秒 434 毫秒保护动作跳开 316 断路器，B 相烧损	1
3	WSYS 变电站 2015 年 3 月 1 日 3 时 51 分合上 2-1L 电抗器 322 断路器投运，3 时 51 分 56 秒保护动作跳开 322 断路器，C 相烧损	1
4	YXNZ 变电站 2016 年 4 月 2 日 23 时 55 分合上 2-6L 电抗器投运，3 日 0 时 14 分 B 相着火	20
5	HHHL 变电站 2013 年 12 月 26 日 22 时 31 分合上 1-1L 电抗器，2013 年 12 月 27 日 1 时 26 分 B 相烧坏。投运两小时 56 分钟	176
6	ZTGD 变电站 2016 年 11 月 8 日 9 时 53 分 AVC 装置自动投入 35KV1-3C 电容器组，9 时 56 分 35KV1-3C 电容器组 A 相串联电抗器冒烟起火，投运 3 分钟	3

这也进一步说明了高投切次数至电抗器损坏的原因。

各变电站近年来电抗器投切次数与烧损台数如图 5-32 所示。

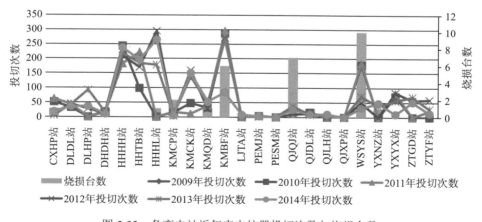

图 5-32　各变电站近年来电抗器投切次数与烧损台数

当出现匝数偏差时，匝数偏差造成有偏差层线圈投入暂态电动力的相位发生改变，轴向电动力和幅向电动力大小也都明显增加。图 5-33 所示为 ZTGD 变电站投入电抗器在第 2 包封烧损的实测数据，其第 2 包封分布电流偏差达 32.14%。

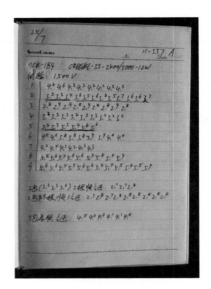

图 5-33　ZTGD 变电站投入电抗器在第 2 包封烧损的实测数据

5.4　结　　论

(1)干式空心并联电抗器的磁场发散,内部磁场分布极不均匀。内层线圈主要为轴向磁通,磁通密度大;外层线圈主要为幅向磁通,磁通密度小;投入干式空心并联电抗器时最大暂态磁通密度接近稳态磁通密度的两倍;在匝数工艺偏差 2匝情况下,理论计算局部支路电路变化非常大,但由于各处磁场由所有支路电流产生,因此匝数工艺偏差对磁场分布特性影响并不明显。

(2)干式空心并联电抗器电动力分布极不均匀,内层线圈幅向电动力大,最大值出现在线圈中部,而外部线圈轴向电动力大,最大值出现在线圈端部;投入电抗器时,暂态电流增加使暂态电动力也显著增大,轴向电动力和幅向电动力大小都接近稳态电动力的 4 倍。

(3)这里以前述某厂的实际电抗器为例,当 24 支路匝数偏差 2 匝、阻抗偏差60.34%时,匝数偏差造成有偏差层线圈投入暂态电动力的相位发生改变,轴向电动力和幅向电动力大小也都明显增加,比稳态电动力增大约 10 倍。

(4)投入时的暂态电动力与匝数偏差电动力叠加将达到稳态电动力的 40 倍。

(5)频繁投切电抗器,在投入暂态电动力的作用下,会加速电抗器的损坏。

(6)匝数偏差会迅速扩大电动力的危害。

6 电抗器操作过电压情况研究

6.1 投切过电压实测情况

一直有一个呼声，认为电抗器频繁烧损与投切过电压有关，为了充分了解电抗器投切过电压，2014 年 9 月在 KMBF 变电站开展了实际测量工作，结果如表 6-1 与表 6-2 所示。

表 6-1 电抗器投入时过电压情况

	A 相过电压峰值/kV	过电压倍数	C 相过电压峰值/kV	过电压倍数
第一次	26.66	0.969	36.13	1.314
第二次	27.6	1.004	33.73	1.227
第三次	39.6	1.440	29.2	1.062

表 6-2 电抗器切除时过电压情况

	A 相过电压峰值/kV	过电压倍数	C 相过电压峰值/kV	过电压倍数
第一次	49.47	1.799	29.87	1.086
第二次	43.07	1.566	50.14	1.823
第三次	49.47	1.799	27.87	1.013

国家电网公司华东电力科学研究院曾测到，分闸时，低抗下端(中性点侧)有一定的过电压，但幅度均小于两倍(最大为 1.89 倍)。南方电网公司广东电力科学研究院完成了罗洞站 35kV 干式空心并联电抗器投切过程的暂态过电压测试工作，合闸时电抗器两端电压最大值为 59.2kV，倍数为 2.16 倍，分闸时电压最大值为 64.13kV，倍数为 2.33 倍。测试结果表明，投切过程电抗器两端暂态电压远低于其绝缘设计及出厂试验的电压值。

6.2 电场数值分析

1. 电势分布特性

利用 ANSYS 对场-路耦合模型进行解析，得到干式空心并联电抗器匝电压分布特性。以最外层线圈为例,电压分布特性如图 6-1 所示,匝电势分布特性如图 6-2 所示。

干式空心并联电抗器电压分布不线性,匝电势分布不均匀,端部匝电势小,中间匝电势高,两者相差 1.5 倍。

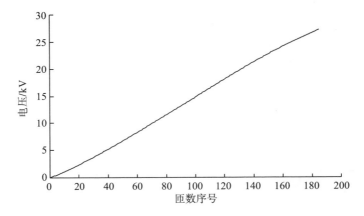

图 6-1 最外层线圈电压分布特性

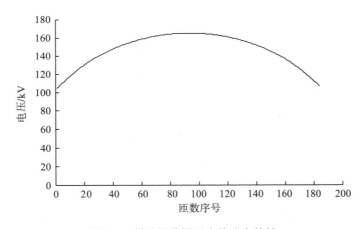

图 6-2 最外层线圈匝电势分布特性

2. 电场分布特性

仅对外部 3 层包封电场分布特性进行数值计算,整体电场分布如图 6-3 所示,端部电场分布如图 6-4 所示,匝间电场分布如图 6-5 所示。

干式空心并联电抗器的整体电场为轴对称分布,高度方向沿中心对称分布。外绝缘为空气绝缘,端部电场强度高,最大场强出现在外包封端部,为 0.075kV/mm。内部绝缘为聚酯薄膜和环氧玻璃丝绝缘,匝间电场强度高,最大场强出现在线圈中部,为 0.637kV/mm。

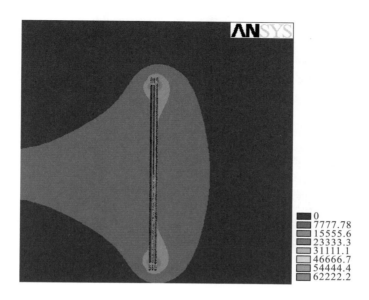

图 6-3　整体电场分布

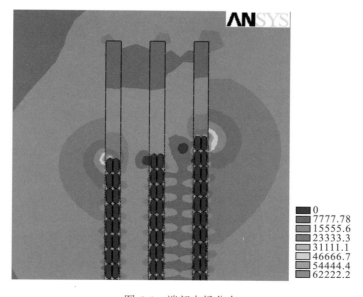

图 6-4　端部电场分布

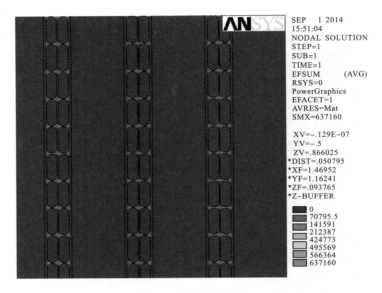

图 6-5　匝间电场分布

3. 电场对绝缘的破坏性

外绝缘外包封端部的最高场强为 0.075kV/mm，这一场强不能造成端部空气电晕。

干式空心并联电抗器匝间绝缘为聚酯薄膜，厚度 100μm 的 6020 型号聚酯薄膜的击穿电压不低于 10kV，击穿场强大于 100kV/mm。电场数值计算电抗器的最高场强为 0.637kV/mm，这一场强不足以破坏匝间绝缘。

造成干式空心并联电抗器匝间绝缘击穿的主要原因是匝间有局部绝缘缺陷。例如，匝间绝缘发生开裂，聚酯薄膜间存在气隙。气隙与聚酯薄膜电场按照介电常数分布，空气的介电常数为 1，聚酯薄膜的介电常数为 3.2，沿用数值计算的最高场强，空气间隙的电场强度达到 2.04kV/mm。空气的击穿电压为 3kV/mm，沿面放电电压为 1.5kV/mm。如果缺陷造成沿面放电距离非常小，则计算的电场强度可能让空气间隙发生沿面放电。一旦发生空气间隙局部放电，就会电腐蚀聚酯薄膜，引起绝缘劣化，进一步造成绝缘击穿。

外施电压一定时，适当增加匝间绝缘厚度可以降低匝间绝缘耐受的电场强度。改进匝间绝缘材料的耐热性能，完善加工工艺，避免局部缺陷才是降低匝间绝缘故障的关键。

6.3　结　　论

从实际测试及仿真计算结果看，投切过程电抗器两端暂态电压远低于其绝缘设计及出厂试验的电压值，不足以破坏其匝间绝缘。从实际烧损情况看，包封中部场强最高，但烧损部位基本都在上端部。所以，场强高不是电抗器烧损的主要原因。

7　电抗器结构特征与制造技术研究

　　电抗器是一个多支路并联结构，为了定量分析其结构特征与制造技术，提出了电抗器复杂度分析法。

　　制造系统的复杂性是指制造系统难以被理解、描述、预测和控制的状态。从信息论的角度看[1]，它是指描述制造系统的状态所预期需要的信息量。复杂性的程度称为复杂度。复杂度越大，表明制造系统状态的不确定性和不可预测性越大，理解它所需要掌握的信息量就越多，复杂度太大则易造成系统失控。

　　应对制造系统复杂性的策略主要有以下两种。

　　一种是尽量避免、减少或消除复杂性[2-3]。该策略基于复杂性对制造组织不利的假设，主要手段是通过简化制造系统(如产品结构模块化、系统布局单元化、缩减产品品种或资源数量等)以提高其可管理性。

　　另一种策略是去理解和管理复杂性[4-6]，即通过对制造系统复杂性定性和定量的描述与分析，进而达到对系统行为进行有效预测和控制的目的。

　　衡量是管理的基础。对制造系统的复杂性进行测度是定量研究复杂性的基础。基于复杂性测度，可以定量评价不同的系统设计方案，具体分析导致系统复杂性的原因，从而优化系统设计、改善系统运行性能。

　　信息熵的定义：

　　设离散型随机变量 X 具有 n 个可能的取值($X_1, X_2, \cdots, X_n$)，且取各值的概率分别为($p_1, p_2, \cdots, p_n$)，则 X 的熵定义为

$$E(X) = -\sum_{i=1}^{n} P_i \, lb p_i$$

其中，$p_i \geq 0$，$\sum_{i=1}^{n} P_i = 1$，$\sum_{i=1}^{n} P_i \, lb = 0$。如果 X 表示一系统，X_i 和 P_i ($i=1, 2, \cdots, n$) 表示该系统 n 个可能的状态及各状态发生的概率，则 $E(X)$ 为系统 X 的信息熵，即描述系统 X 时所需要的信息量。$E(X)$ 也刻画了系统 X 的不确定性大小。信息熵越大，系统不确定性越大。以上公式中所描述的信息熵具有以下特性。

　　(1)当 p_i 中只有一个为 1，其他均为 0 时，系统信息熵最小，即 $E(X)=0$。此时，X 是完全确定性系统。

　　(2)当系统各状态等概率分布时(即 $p_i=1/n$)，系统信息熵最大，且 $E(X)=lbn$。此时，X 具有最大不确定性。

　　(3)任何引起 p_i 均等化的系统变化将导致系统不确定性增大，信息熵增加。

例如，如果 $p_1 < p_2$，某系统变化引起 p_1 增大、p_2 减小而使 p_1 和 p_2 更为接近，则系统的不确定性增大，信息熵增加。

(4)计算 $E(X)$ 时，取以 2 为底的对数使信息量以二进制单位(bit)度量。1 bit 信息是描述一个双状态系统二状态等概率分布时所需的信息量。

7.1 电抗器的结构复杂度

电抗器是一个多支路并联结构，其设计是在满足自感、互感、电流、电流密度、温升和损耗等要求的基础上，确定电抗器的包封数、内径(或外径)、各包封中的导线线径、高度和各层导线的匝数。如何合理地确定空心电抗器的结构参数，满足设计要求是空心电抗器设计的重点。由于各个参数之间既互相联系，又互相制约，因此使得设计比较复杂。

表 7-1 所示为一个典型的 35kV 20000kvar 电抗器的结构参数。其中，共有 16 个包封，47 个支路，每个支路匝数为 182～285，每个支路都不一样，半径、高度尺寸也各不相同，是一个复杂的系统结构。

表 7-1   35kV 20000kvar 电抗器结构参数表

包封数	支路数	匝数	内半径/mm	高度/mm	直阻/Ω	自感/mH	电流/A
	1	284.667	994	2412	4.943419	95.999	1.593+j15.041
1	2	281.833	997.16	2389	4.909754	95.296	0.894+j15.049
	3	279	1000.32	2365	4.875776	94.582	1.138+j15.025
	4	260	1025.08	2204	4.656046	90.011	−0.214+j14.133
2	5	257.833	1028.24	2186	4.631461	89.5	0.15+j13.997
	6	255.833	1031.4	2169	4.609639	89.055	−0.786+j13.867
	7	250.417	1056.16	2339	3.616001	84.302	−0.275+j16.465
3	8	248.25	1059.6	2318	3.596373	83.818	−0.445+j16.424
	9	246.167	1063.04	2299	3.577754	83.362	−0.849+j16.399
⋮	⋮	⋮	⋮	⋮	⋮	⋮	⋮
14	42	182.583	1430.36	2247	1.86237	76.388	−0.976+j31.987
	43	182.583	1434.76	2247	1.868091	76.771	−0.702+j32.289
15	44	183.167	1460.76	2254	1.907973	79.393	−0.434+j34.576
	45	183.333	1465.16	2256	1.915454	79.881	1.101+j34.964
16	46	185.25	1491.16	2279	1.969778	83.379	1.195+j36.374
	47	185.667	1495.56	2285	1.980026	83.379	2.254+j36.406

通过对大量故障电抗器的解体探究和电抗器设计原理及结构特征分析，以及

制造过程的调研，从基于信息熵的制造系统复杂性角度，提出了下列电抗器结构复杂度计算公式为

$$D_S = L_S(\Delta h + \Delta r + \Delta z + \Delta x) \tag{7-1}$$

式中，D_S——S 容量的结构复杂度；

　　　L_S——S 容量的支路数；

　　　Δh——包封高度变化率；

　　　Δr——包封半径变化率；

　　　Δz——各支路匝数变化率；

　　　Δx——包封导线种类变化率。

利用式 7-1 对实际使用中的 3.3～20Mvar 电抗器开展了复杂度计算分析，如表 7-2 和图 7-1 所示。

表 7-2　电抗器复杂度变化分析表

容量/Mvar	包封数	支路数	绕组最小高度/m	绕组最大高度/m	高度变化率/%	最小内径/m	最大外径/m	半径变化率/%	匝数范围	匝数变化率/%	所用导线种类	导线种类变化率/%	铝线重量/kg	铝线重量变化/%	复杂度	故障率
3.3	8	22	1.69	1.77	4.73	1.73	2.26	30.6	506～647	27.8	6	46.2	1400	28.5	24.1	
5	8	33	1.76	1.87	6.25	1.53	2.14	39.9	495～695	40.4	7	53.8	2100	42.8	46.3	0.87%
6.7	11	31	1.55	1.62	4.52	1.53	2.32	51.6	358～553	54.5	7	53.8	2160	44.0	51.0	
10	15	43	1.63	1.74	6.75	1.18	2.32	96.6	308～674	118.8	13	100.0	3280	66.8	138.5	11%
20(单丝线)	16	46	1.81	1.92	6.08	1.68	2.89	72.0	185～340	83.8	12	92.3	4900	99.8	116.9	

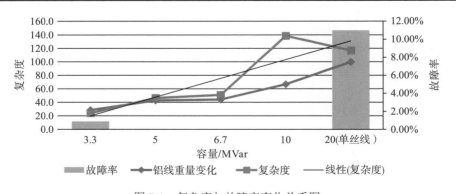

图 7-1　复杂度与故障率变化关系图

从图 7-1 中可以看出，当容量从 3.3Mvar 增大到 20Mvar 时，复杂度从 24.1 上升到 116.9，最高达 138.5，故障率由 0.87%上升到 11%。

7.2　高复杂度导致的失控的制造偏差

项目组于 2010 年开展了对制造厂设计、制造、检验等生产过程的调查研究。图 7-2～图 7-4 所示为在一个主流厂家看到的生产全貌。

图 7-2　生产车间全貌

图 7-3　缠绕中心体制作、无维玻璃丝带浸胶、包封层缠绕

图 7-4　绝缘单丝线浸胶、缠绕包封绕组、缠绕松紧、整齐等工艺控制

从图 7-2～图 7-4 中可以看出，生产装备比较粗陋，自动化程度较低，人力干预较多。生产过程中电抗器缠绕的几何尺寸控制、排线匝数、整齐度、松紧度控制等主要依靠人力完成，生产还处于半机械、半人力水平，电抗器绕线的松紧、平整、半径偏差、匝数偏差等还要人力控制。

图 7-5 所示为某故障电抗器的过程控制文件——分层电流试验记录。这是在电抗器包封绕组绕好并经烘烤热固化成型后未焊接引线前进行的检测项目。方法是施

加一个较低的电压，测量各个支路的实际电流，并与设计值比较，无偏差最好。其目的是检查实际缠绕出的电抗器各个支路的电流分布是否达到设计要求。从图 7-5 中的试验记录可以看出，最大分层电流偏差达 97%、14 个包封中有 3 个包封超过设计范围允许的偏差，占比近 21.4%。在批次问题统计中。Z02 批次产品故障率高达 67%，以及不同厂家不同批次产品平均故障率为 20%。这充分说明了基于现有的制造装备水平，要制造这样复杂的电抗器，其制造偏差是无法有效控制的。

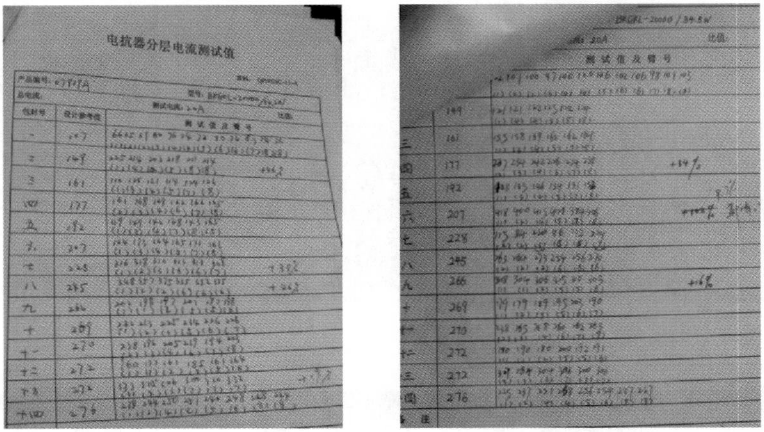

图 7-5　电抗器分层电流试验记录

7.3　制造偏差的危害

这是某电抗器制造厂提供的一台 BKDK-20000/35 型干式空心并联电抗器的设计计算单。

1．总体参数

额定电压：19.91958kV　　　　　额定容量：20000kvar

额定电流：1004.087A　　　　　　电抗器值：19.8375Ω/63.145mH

直流电阻：0.05892Ω　　　　　　总体高度：2450mm

外 直 径：2999.12mm　　　　　支 路 数：41

包 封 数：17　　　　　　　　　层绝缘厚度：0.4mm

气道宽度：22mm　　　　　　　并绕根数：3

2．现场安装尺寸

距离地面高度：3854mm　　　　　绝缘子高度：762mm

电抗器三相间距：4913mm　　　　摆放方式：品字形

3. 各支路参数

该电抗器各支路参数如表 7-3 所示。

表 7-3 BKDK-20000/35 型干式空心并联电抗器各支路参数

包封数	支路数	匝数	内半径/mm	高度/mm	直阻/Ω	自感/mH	电流/A
	1	284.667	994	2412	4.943419	95.999	1.593+j15.041
1	2	281.833	997.16	2389	4.909754	95.296	0.894+j15.049
	3	279	1000.32	2365	4.875776	94.582	1.138+j15.025
	4	260	1025.08	2204	4.656046	90.011	−0.214+j14.133
2	5	257.833	1028.24	2186	4.631461	89.5	0.15+j13.997
	6	255.833	1031.4	2169	4.609639	89.055	−0.786+j13.867
	7	250.417	1056.16	2339	3.616001	84.302	−0.275+j16.465
3	8	248.25	1059.6	2318	3.596373	83.818	−0.445+j16.424
	9	246.167	1063.04	2299	3.577754	83.362	−0.849+j16.399
	10	232.5	1088.08	2172	3.458606	80.452	−0.253+j16.589
4	11	230.833	1091.52	2156	3.444654	80.115	−0.246+j16.632
	12	229.167	1094.96	2141	3.430546	79.771	0.605+j16.673
	13	223.417	1120	2225	2.94987	76.738	0.929+j19.187
5	14	221.917	1123.64	2210	2.939574	76.473	−0.387+j19.192
	15	220.417	1127.28	2195	2.929149	76.202	−0.698+j19.196
	16	216	1152.52	2284	2.556614	73.941	0.092+j21.833
6	17	214.583	1156.36	2269	2.548295	73.711	−0.519+j21.883
	18	213.167	1160.2	2254	2.539865	73.474	0.094+j21.939
	19	205	1185.64	2168	2.496039	72.321	0.543+j22.34
7	20	203.917	1189.48	2157	2.490879	72.197	0.477+j22.393
	21	202.917	1193.32	2146	2.486654	72.107	−1.003+j22.44
8	22	205	1218.76	2395	1.997783	70.851	0.675+j28.166
	23	203.833	1222.96	2382	1.993249	70.724	0.935+j28.14
9	24	197.583	1248.76	2309	1.972829	70.262	−1.136+j27.864
	25	196.667	1252.96	2298	1.970271	70.217	−0.936+j27.88
10	26	191.667	1278.76	2240	1.959658	70.163	0.059+j28.394
	27	190.917	1282.96	2231	1.958392	70.172	1.389+j28.478
11	28	191.333	1308.76	2354	1.785939	70.336	−0.762+j31.647
	29	190.667	1313.16	2346	1.78569	70.398	−0.108+j31.695
12	30	187.417	1339.16	2306	1.789953	71.052	−0.401+j31.995
	31	186.917	1343.56	2300	1.791034	71.179	1.282+j32.015
13	32	184.75	1369.56	2273	1.80448	72.306	−0.625+j31.712

续表

包封数	支路数	匝数	内半径/mm	高度/mm	直阻/Ω	自感/mH	电流/A
	33	184.417	1373.96	2269	1.807003	72.51	0.983+j31.608
14	34	183.167	1399.96	2254	1.828668	74.079	−1.211+j31.105
	35	183	1404.36	2252	1.832738	74.368	−0.405+j31.104
15	36	182.583	1430.36	2247	1.86237	76.388	−0.976+j31.987
	37	182.583	1434.76	2247	1.868091	76.771	−0.702+j32.289
16	38	183.167	1460.76	2254	1.907973	79.393	−0.434+j34.576
	39	183.333	1465.16	2256	1.915454	79.881	1.101+j34.964
17	40	185.25	1491.16	2279	1.969778	83.379	1.195+j36.374
	41	185.667	1495.56	2285	1.980026	83.379	2.254+j36.406

7.3.1　电流、损耗与局部温升的计算方法

1. 电流与损耗的计算方法

(1)电流与电阻损耗计算方法。

干式空心并联电抗器 BKDK-20000/35 为 41 层(层数 n=41)并绕结构,各支路都由等值电阻 R_{L_i} 和自感 L_i 构成,所有支路间都存在互感 $M_{i,k}$。当外施交流电压为 $\dot{U}$ 时,各支路电流分别为 $\dot{I}_i$,等值电路图如图 7-6 所示。

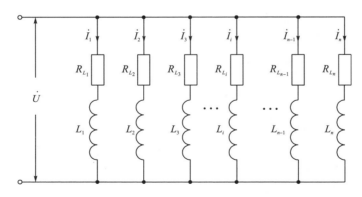

图 7-6　干式空心并联电抗器等值电路图

根据电磁学 Neumann 公式和积分原理,干式空心并联电抗器任意两个线圈间的互感 $M_{i,k}$ 为

$$M_{i,k} = \mu_0 n_i n_k \int_{\frac{H_i}{2}}^{\frac{H_i}{2}} \int_{S-\frac{H_k}{2}}^{S+\frac{H_k}{2}} \int_0^\pi \frac{R_i R_k \cos\theta}{\sqrt{R_i^2 + R_k^2 - 2R_i R_k \cos\theta + (x_k - x_i)^2}} \mathrm{d}\theta \mathrm{d}x_k \mathrm{d}x_i \qquad (7\text{-}2)$$

解析前两重积分,式(7-2)可简化为

$$M_{i,k} = \mu_0 n_i n_k R_i R_k \left[F(R_i, R_k, Z_1) - F(R_i, R_k, Z_2) + F(R_i, R_k, Z_3) - F(R_i, R_k, Z_4) \right] \quad (7\text{-}3)$$

其中

$$F(R_i, R_k, Z_j) = R_i R_k \int_0^\pi \frac{\sqrt{R_i^2 + R_k^2 - 2R_i R_k \cos\theta + Z_j^2}}{R_i^2 + R_k^2 - 2R_i R_k \cos\theta} \sin^2\theta \mathrm{d}\theta \quad (7\text{-}4)$$

$$Z_1 = \frac{H_i}{2} + \frac{H_k}{2} + S, \quad Z_2 = \frac{H_i}{2} - \frac{H_k}{2} + S,$$
$$Z_3 = -\frac{H_i}{2} - \frac{H_k}{2} + S, \quad Z_4 = -\frac{H_i}{2} + \frac{H_k}{2} + S \quad (7\text{-}5)$$

式中，μ_0——真空磁导率；

    n_i、n_k——两个线圈的单位长度匝数；

    H_i、H_k——两个线圈的高度；

    x_i、x_k——两个线圈中的线匝距离线圈 i 中心的距离；

    R_i、R_k——两个线圈的半径；

    S——两线圈的中心间距。

取 $H_i = H_k$ 及 $S = 0$，可以得到任一线圈的自感 L_i 为

$$L_i = 2\mu_0 n_i^2 R_i^2 \left[F(R_i, R_i, H_i) - F(R_i, R_i, 0) \right] \quad (7\text{-}6)$$

等效电阻由铝导线电导率和几何尺寸求取，任一支路电阻 R_{L_i} 为

$$R_{L_i} = \frac{8 R_i n_i H_i}{\gamma d_i^2} \quad (7\text{-}7)$$

式中，γ——铝导线的电导率；

    d_i——铝导线直径。

根据图 7-6 等值电路，建立各支路电压组成的电压方程组为

$$\left(R_{L_i} + \mathrm{j}\omega L_i \right) \dot{I}_i + \sum_{\substack{k=1 \\ k \neq i}}^{n} \mathrm{j}\omega M_{i,k} \dot{I}_k = \dot{U} \quad (7\text{-}8)$$

以上 n 阶方程组中都有 n 个电流变量，解方程组可以得到各支路电流值。电抗器总电流为

$$\dot{I}_L = \sum_{i=1}^{n} \dot{I}_i \quad (7\text{-}9)$$

对任一支路线圈 i 上任一线匝的电阻损耗都相等，表达式为

$$P_{R_i} = I_i^2 \frac{8 R_i}{\gamma d_i^2} \quad (7\text{-}10)$$

(2) 涡流损耗计算方法。

干式空心并联电抗器各支路由多根圆导线构成，单根导线直径很小，忽略单根导线内部的磁场变化，认为导线截面积内磁场处处相等。涡流的去磁作用忽略不计，认为涡流为纯有功电流。干式空心并联电抗器磁场为轴对称磁场，对于任

一支路线圈 i 上任一线匝 j 的涡流损耗为

$$P_{eij} = \frac{\pi^2 R_i \gamma \omega^2 d_i^{\,4}}{32}\left(B_{zij}^2 + B_{rij}^2\right) = \frac{\pi^2 R_i \gamma \omega^2 d_i^{\,4}}{32} B_{ij}^{\,2} \tag{7-11}$$

式中，ω ——角频率；

$\quad\quad B_{zij}$ ——该线匝上任一点的轴向磁场；

$\quad\quad B_{rij}$ ——该线匝上任一点的幅向磁场；

$\quad\quad B_{ij}$ ——该线匝上任一点的总磁场。

B_{zij} 与 B_{rij} 为各支路线圈产生磁场的代数和，即

$$\begin{cases} B_{zij} = \sum_{k=1}^{n} B_{zijk} \\[2mm] B_{rij} = \sum_{k=1}^{n} B_{rijk} \end{cases} \tag{7-12}$$

设线匝与线圈 k 中心之间的轴向距离为 z_j，则线圈 k 在该线匝上任一点的磁场为

$$\begin{cases} B_{zijk} = \dfrac{n_k I_k R_k \mu_0}{2}\left\{ F_z\!\left[R_k, R_i, \left(z_j + \dfrac{H_k}{2}\right)\right] - F_z\!\left[R_k, R_i, \left(z_j - \dfrac{H_k}{2}\right)\right]\right\} \\[4mm] B_{rijk} = \dfrac{n_k I_k R_k \mu_0}{2}\left\{ F_r\!\left[R_k, R_i, \left(z_j - \dfrac{H_k}{2}\right)\right] - F_r\!\left[R_k, R_i, \left(z_j + \dfrac{H_k}{2}\right)\right]\right\} \end{cases} \tag{7-13}$$

其中：

$$F_z\left(R_k, R_i, z\right) = \frac{1}{\pi}\int_0^{\pi} \frac{z\left(R_k - R_i\cos\theta\right)}{\sqrt{R_k^2 + R_i^2 + z^2 - 2R_k R_i\cos\theta}}\frac{\mathrm{d}\theta}{R_k^2 + R_i^2 - 2R_k R_i\cos\theta} \tag{7-14}$$

$$F_r\left(R_k, R_i, z\right) = \frac{1}{\pi}\int_0^{\pi} \frac{\cos\theta\,\mathrm{d}\theta}{\sqrt{R_k^2 + R_i^2 + z^2 - 2R_k R_i\cos\theta}} \tag{7-15}$$

(3) 总损耗计算方法。

干式空心并联电抗器的损耗包括电阻损耗、涡流损耗和杂散损耗。其中，电阻损耗最大，涡流损耗次之，杂散损耗最小可以忽略。因此，第 i 支路上任一线匝 j 的损耗、第 i 个支路线圈的损耗和电抗器的整体损耗为

$$P_{ij} = I_i^2 \frac{8R_i}{\gamma d_i^2} + \frac{\pi^2 R_i \gamma \omega^2 d_i^4}{32} B_{ij}^{\,2} \tag{7-16}$$

$$P_i = \sum_{j=1}^{n_i H_i}\left(I_i^2 \frac{8R_i}{\gamma d_i^2} + \frac{\pi^2 R_i \gamma \omega^2 d_i^4}{32} B_{ij}^{\,2}\right) \tag{7-17}$$

$$P = \sum_{i=1}^{n}\sum_{j=1}^{n_i H_i}\left(I_i^2 \frac{8R_i}{\gamma d_i^2} + \frac{\pi^2 R_i \gamma \omega^2 d_i^4}{32} B_{ij}^{\,2}\right) \tag{7-18}$$

2. 局部温升的数值解析方法

(1)干式空心并联电抗器的热源。

干式空心并联电抗器线圈内热源由电阻损耗和涡流损耗构成。第 i 个支路线圈内的热源强度为单位体积生热率，即

$$q_i = \frac{P_i}{v} = \frac{1}{v} \sum_{j=1}^{n_i H_i} \left(I_i^2 \frac{8R_i}{\gamma d_i^2} + \frac{\pi^2 R_i \gamma \omega^2 d_i^4}{32} B_{ij}^2 \right) \tag{7-19}$$

式中，v——第 i 个支路线圈的体积。

(2)干式空心并联电抗器的散热。

干式空心并联电抗器包封内部通过绝缘层热传导散热，表面通过空气自然对流和热辐射散热。

干式空心并联电抗器内部由铝导线、聚酯薄膜匝绝缘和环氧玻璃丝纤维构成。在圆柱坐标下，热稳定后第 i 个支路线圈的热传导方程为

$$\frac{\partial}{r\partial r}\left(kr\frac{\partial T}{\partial r}\right) + \frac{\partial}{\partial z}\left(k\frac{\delta T}{\partial z}\right) + q_i = 0 \tag{7-20}$$

式中，k——绝缘的导热系数。

空气按照流体考虑，其对流运动状态遵循质量连续性方程、动量连续性方程和能量连续性方程。

质量连续性方程为

$$\frac{\partial(\rho u r)}{r\partial r} + \frac{\partial(\rho v r)}{r\partial z} = 0 \tag{7-21}$$

式中，u、v——径向和轴向速度分量；

ρ——空气密度。

动量连续性方程为

$$\rho u \frac{\partial u}{\partial r} + \rho v \frac{\partial u}{\partial z} = \frac{1}{r}\nabla\cdot(r\mu\nabla u) - \frac{\partial p}{\partial r} + S_u \tag{7-22}$$

$$\rho u \frac{\partial v}{\partial r} + \rho v \frac{\partial v}{\partial z} = \frac{1}{r}\nabla\cdot(r\mu\nabla v) - \frac{\partial p}{\partial z} + S_v \tag{7-23}$$

式中，μ——空气动力黏度系数；

p——空气压力；

S_u、S_v——源项。

能量守恒方程为

$$\rho c_p \left(u\frac{\partial T}{\partial r} + v\frac{\partial T}{\partial z}\right) = \frac{1}{r}\nabla\cdot(r\lambda_1\nabla T) \tag{7-24}$$

式中，c_p——空气比热容；

　　　λ_1——空气的导热系数。

干式空心并联电抗器各包封外表面向外围空间热辐射满足：

$$q_1 = \varepsilon \sigma_b \left(T_w^4 - T_\infty^4 \right) \tag{7-25}$$

式中，q_1——辐射面上辐射传热的热流；

　　　ε——表面发射率；

　　　σ_b——波尔兹曼常量；

　　　T_w——包封表面温度；

　　　T_∞——周围空气温度。

(3)流场-温度场耦合有限元模型。

建立了流场-温度场二维模型对其进行温度分布有限元数值分析。模型中线圈、绝缘及空隙几何尺寸与干式空心并联电抗器 BKDK-20000/35 完全一致，有限元建模图形如图 7-7 所示。

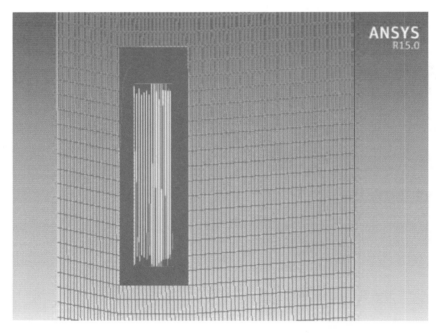

图 7-7　干式空心并联电抗器温度场有限元建模图形

环境温度取 20℃，下边界幅向和轴向速度为 0，温度为环境温度；周围边界为环境温度，压力为 0；上边界压力为 0，温度为自由边界。

7.3.2 局部偏差对电流、损耗及局部温升的影响

1. 偏差量的确定

考核干式空心电抗器绕制工艺，认为可能出现的偏差及偏差量包括如下。

（1）整体半径偏差：总体半径为 1500mm，偏差量取-10mm、-5mm、-2.5mm、0mm、2.5mm、5mm、10mm。

（2）包封间距偏差：包封间距为 22mm，偏差量取-2mm、-1mm、-0.5mm、0mm、0.5mm、1mm、2mm。

（3）中心距偏差：各线圈中心距为 0，针对最内层、中间层和最外层线圈研究，参考电抗器总体高度和线圈高度，偏差量取-10mm、-5mm、0mm、5mm、10mm。

（4）匝数偏差：各支路匝数为 182～285，针对最内层、中间层和最外层线圈研究，偏差量取-2 匝、-1 匝、0 匝、1 匝、2 匝。

2. 局部偏差对电流的影响

（1）无工艺偏差各支路电流。

依据干式空心并联电抗器 BKDK-20000/35 的几何尺寸计算了各支路线圈的自感、互感和 75℃下的直流电阻，按照等值电路建立的电压方程解析了各支路电流。

在没有工艺偏差的情况下，对被研究电抗器各支路电流进行核算。计算单提供的电流与核算电流比较结果如图 7-8 所示，两者具有较好的一致性。而且，也能发现外部 3 个包封支路电流有些差异，可能是解析方法不同引起的，由于差异不大，对本课题研究结果不会造成影响。

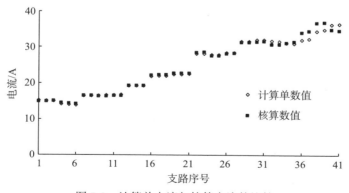

图 7-8　计算单电流与核算电流的比较

（2）半径偏差对各支路电流的影响。

电抗器整体半径偏差为-10～10mm 时，各支路电流变化如图 7-9 所示。其

中，图 7-9(a) 所示为不同半径偏差下各支路电流，图 7-9(b) 所示为各支路有半径偏差电流与无偏差电流的比值。

　　半径减小时各支路电流增加，半径增加时各支路电流减小，这符合自感和互感与半径成比例的规律。各支路电流变化量不同，内部支路电流变化量大于外部支路电流变化量。半径偏差为 10mm 时，内部支路电流变化量最大为 10% 左右。

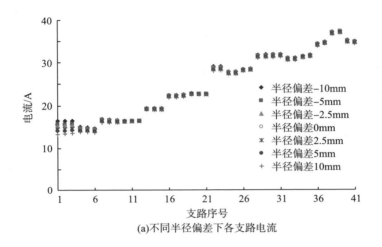

(a)不同半径偏差下各支路电流

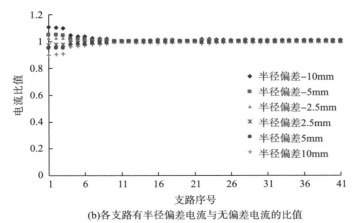

(b)各支路有半径偏差电流与无偏差电流的比值

图 7-9　整体半径偏差与各支路电流关系

　　(3)包封间距偏差对各支路电流的影响。

　　电抗器包封间距偏差为 -2～2mm 时，各支路电流变化如图 7-10 所示。其中，图 7-10(a) 所示为不同包封间距偏差下各支路电流，图 7-10(b) 所示为各支路有包封间距偏差电流与无偏差电流的比值。

包封间距偏差后各支路电流变化比较明显，随偏差量增加各支路电流的变化量增大。内外包封各支路电流增减规律相反，在第 7 个支路为明显的分界点。包封间距偏差 2mm 时，内部支路电流变化量最大为 50%左右。

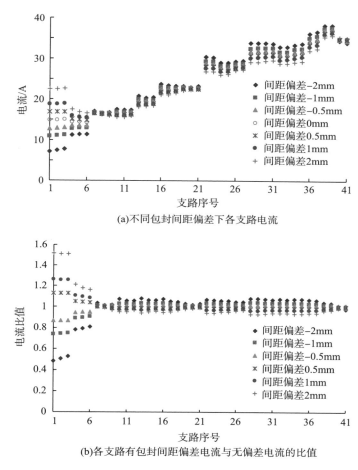

(a)不同包封间距偏差下各支路电流

(b)各支路有包封间距偏差电流与无偏差电流的比值

图 7-10　包封间距偏差与各支路电流关系

(4)中心距偏差对各支路电流的影响。

最内层、中间层与最外层线圈的中心距各自偏差为-10～10mm 时，各支路电流变化如图 7-11～图 7-13 所示。在图 7-11～图 7-13 中，图(a)均所示为不同中心距偏差下各支路电流，图(b)均所示为各支路有中心距偏差电流与无偏差电流的比值。

在不同层线圈中心距偏差后，各支路电流都基本不变，中心距偏差对电流的影响非常小。

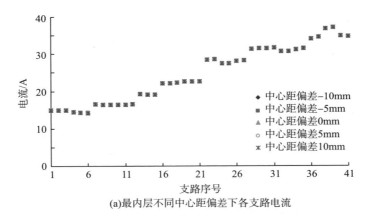

(a)最内层不同中心距偏差下各支路电流

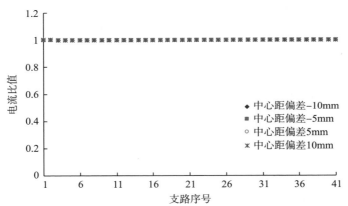

(b)最内层各支路有中心距偏差电流与无偏差电流的比值

图 7-11　最内层线圈中心距偏差与各支路电流关系

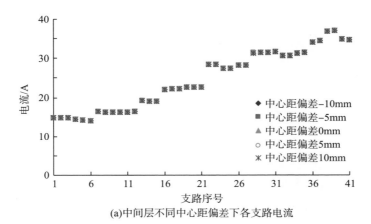

(a)中间层不同中心距偏差下各支路电流

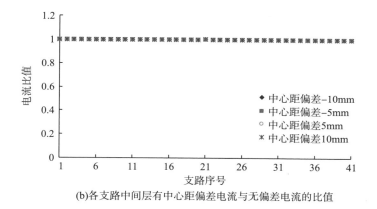

(b)各支路中间层有中心距偏差电流与无偏差电流的比值

图 7-12 中间层线圈中心距偏差与各支路电流关系

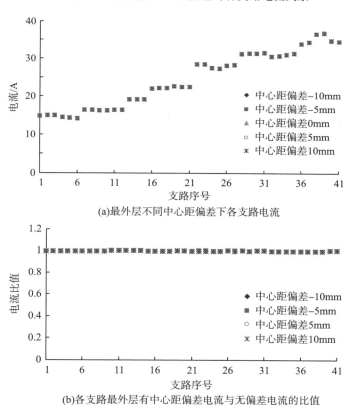

(a)最外层不同中心距偏差下各支路电流

(b)各支路最外层有中心距偏差电流与无偏差电流的比值

图 7-13 最外层线圈中心距偏差与各支路电流关系

(5)匝数偏差对各支路电流的影响。

最内层、中间层与最外层线圈匝数偏差为−2～2时,各支路电流变化如图7-14～图7-16所示,在图7-14～图7-15中,图(a)所示为不同匝数偏差下各支路电流,图

(b)所示为各支路有匝数偏差电流与无偏差电流的比值。

随匝数增减、增减匝数线圈及其附近线圈电流都产生了非常明显的变化。匝间偏差越大，各支路电流变化越大，匝数偏差 2 匝时，最大电流达到两倍以上。

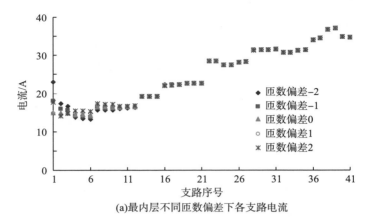

(a)最内层不同匝数偏差下各支路电流

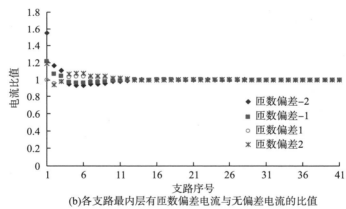

(b)各支路最内层有匝数偏差电流与无偏差电流的比值

图 7-14　最内层线圈匝数偏差与各支路电流关系

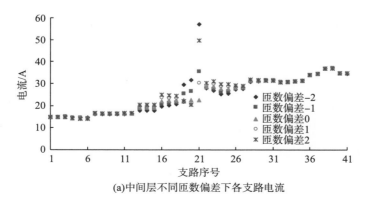

(a)中间层不同匝数偏差下各支路电流

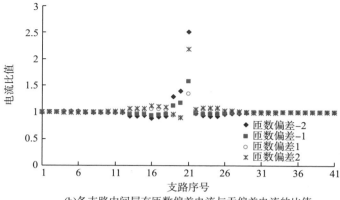

(b)各支路中间层有匝数偏差电流与无偏差电流的比值

图 7-15　中间层线圈匝数偏差与各支路电流关系

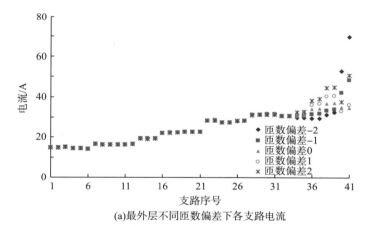

(a)最外层不同匝数偏差下各支路电流

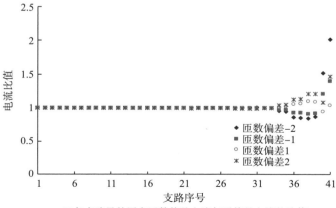

(b)各支路最外层有匝数偏差电流与无偏差电流的比值

图 7-16　最外层匝数偏差与各支路电流关系

(6)局部偏差对总电流影响。

统计各种偏差下总电流变化情况如表 7-4 所示。各种偏差下总电流变化都非常小。

表 7-4 各种偏差下总电流变化情况

偏差项	偏差量	电流/A	电流比值	偏差项	偏差量	电流/A	电流比值
半径	−10mm	1022.6	1.014	间距	−2mm	1020.1	1.012
	−5mm	1015.2	1.007		−1mm	1013.8	1.006
	5mm	1000.8	0.993		1mm	1002.5	0.995
	10mm	993.7	0.986		2mm	997.3	0.989
最内层中心距	−10mm	1008.0	1.000	最内层匝数	−2 匝	1008.1	1.000
	−5mm	1008.0	1.000		−1 匝	1008.0	1.000
	5mm	1008.0	1.000		1 匝	1007.9	1.000
	10mm	1008.0	1.000		2 匝	1007.8	1.000
中间层中心距	−10mm	1008.0	1.000	中间层匝数	−2 匝	1008.4	1.000
	−5mm	1008.0	1.000		−1 匝	1008.2	1.000
	5mm	1008.0	1.000		1 匝	1007.8	1.000
	10mm	1008.0	1.000		2 匝	1007.7	1.000
最外层中心距	−10mm	1008.0	1.000	最外层匝数	−2 匝	1008.6	1.001
	−5mm	1008.0	1.000		−1 匝	1008.3	1.000
	5mm	1008.0	1.000		1 匝	1007.7	1.000
	10mm	1008.0	1.000		2 匝	1007.6	1.000

(7)局部偏差对电流影响总结。

①对于不同的工艺偏差类型,各线圈中心距偏差基本不会引起各支路电流变化,整体半径偏差会引起各支路电流产生较小的变化,包封间距偏差会引起各支路电流产生较大变化,匝数偏差会引起各支路电流产生明显变化。

②对于各种工艺偏差,各支路电流变化也存在较大差异,局部支路电流变化大。

③在各种工艺偏差下,总体电流变化非常小。

3. 局部偏差对损耗的影响

(1)无偏差条件下各支路的损耗。

依据干式空心并联电抗器 BKDK-20000/35 的几何尺寸,在工频额定电压下,按照 7.3.1 节中的损耗计算方法数值计算各支路线圈的涡流损耗和电阻损耗,对两种损耗求和得到了各支路线圈的总体损耗。

在无工艺偏差条件下,各支路线圈的各种损耗计算结果如图 7-17 所示。其中，图 7-17(a) 为无偏差条件下各支路的涡流损耗，图 7-17(b) 为无偏差条件下各支路的电阻损耗，图 7-17(c) 为无偏差条件下各支路的总体损耗(以下简称各支路损耗)。

对于各支路线圈，电阻损耗都远大于涡流损耗，涡流损耗大约是总体损耗的 7%。两种损耗产生机理不同，分布特性也存在非常大的差异。

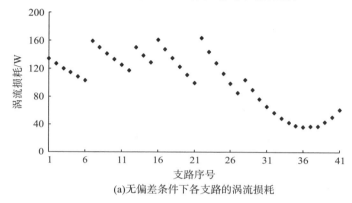

(a)无偏差条件下各支路的涡流损耗

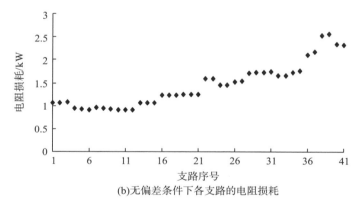

(b)无偏差条件下各支路的电阻损耗

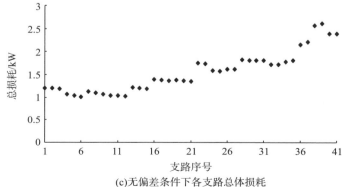

(c)无偏差条件下各支路总体损耗

图 7-17   无偏差条件下各支路线圈的各种损耗计算结果

(2) 半径偏差对各支路损耗的影响。

电抗器整体半径偏差为-10~10mm 时,半径偏差与各支路损耗的关系如图 7-18 所示。其中,图 7-18(a)所示为不同半径偏差下各支路的损耗,图 7-18(b)所示为各支路有半径偏差损耗与无偏差损耗的比值。

半径减小时各支路损耗增加,半径增加时各支路损耗减小,这与各支路电流变化规律基本一致。各支路损耗变化量不同,内部支路损耗变化量大于外部支路损耗变化量。半径变化为 10mm 时,内部支路损耗变化量最大为 20%左右。

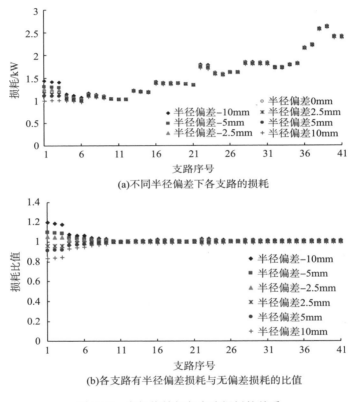

(a)不同半径偏差下各支路的损耗

(b)各支路有半径偏差损耗与无偏差损耗的比值

图 7-18　半径偏差与各支路损耗的关系

(3) 包封间距偏差对各支路损耗的影响。

电抗器包封间距偏差为-2~2mm 时,包封间距偏差与各支路损耗的关系如图 7-19 所示。其中,图 7-19(a)所示为不同包封间距偏差下各支路损耗,图 7-19(b)所示为各支路有包封间距偏差损耗与无偏差损耗的比值。

包封间距偏差后各支路损耗变化比较明显,随偏差量增加各支路损耗变化量增大。内外包封各支路损耗增减规律相反,在第 7 个支路为明显的分界点。包封间距增加 2mm 时,内部支路损耗变化量最大为 120%左右。

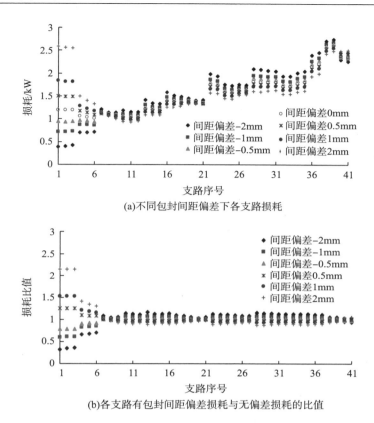

(a)不同包封间距偏差下各支路损耗

(b)各支路有包封间距偏差损耗与无偏差损耗的比值

图7-19 包封间距偏差与各支路损耗的关系

(4)中心距偏差对各支路损耗的影响。

最内层、中间层与最外层线圈的中心距各自偏差为-10~10mm 时，各支路损耗如图7-20~图7-22 所示。在图7-20~图7-22 中，图(a)均所示为不同中心距偏差下各支路的损耗，图(b)均所示为各支路有中心距偏差损耗与无偏差损耗的比值。

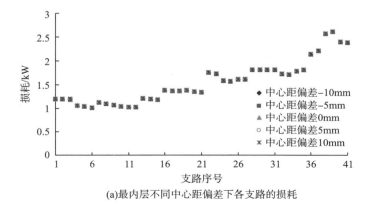

(a)最内层不同中心距偏差下各支路的损耗

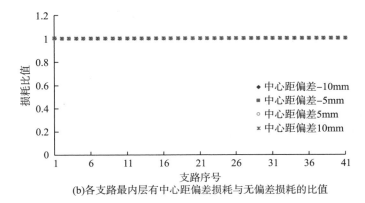

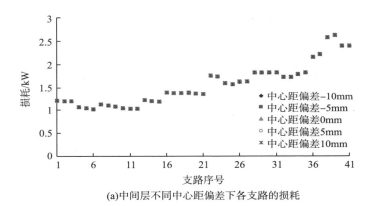

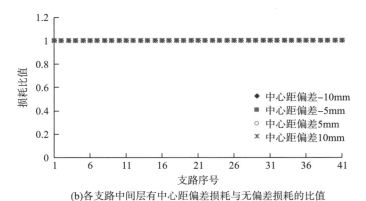

(b)各支路最内层有中心距偏差损耗与无偏差损耗的比值

图 7-20　最内层线圈中心距偏差与各支路损耗的关系

(a)中间层不同中心距偏差下各支路的损耗

(b)各支路中间层有中心距偏差损耗与无偏差损耗的比值

图 7-21　中间层线圈中心距偏差与各支路损耗的关系

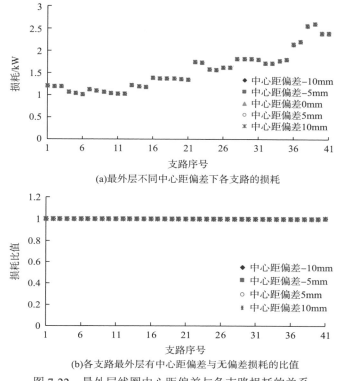

(a)最外层不同中心距偏差下各支路的损耗

(b)各支路最外层有中心距偏差与无偏差损耗的比值

图 7-22　最外层线圈中心距偏差与各支路损耗的关系

在不同层线圈中心距偏差后,各支路损耗都基本不变,中心距偏差对损耗的影响非常小。

(5)匝数偏差对各支路损耗的影响。

最内层、中间层与最外层线圈匝数变化为-2~2 时,各支路损耗如图 7-23~图 7-25 所示。在图 7-23~图 7-25 中,图(a)均所示为不同匝数偏差下各支路的损耗,图(b)均所示为各支路有匝数偏差损耗与无偏差损耗的比值。

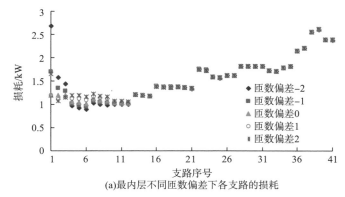

(a)最内层不同匝数偏差下各支路的损耗

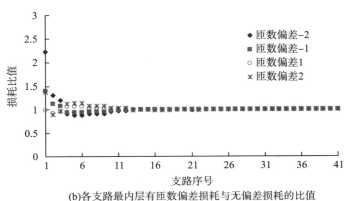

(b)各支路最内层有匝数偏差损耗与无偏差损耗的比值

图 7-23　最内层线圈匝数偏差与各支路损耗的关系

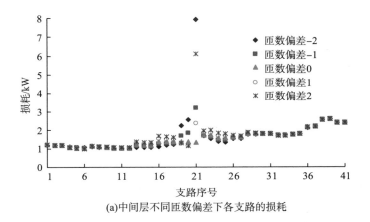

(a)中间层不同匝数偏差下各支路的损耗

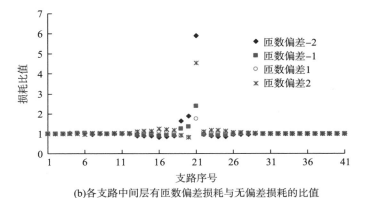

(b)各支路中间层有匝数偏差损耗与无偏差损耗的比值

图 7-24　中间层线圈匝数偏差与各支路损耗的关系

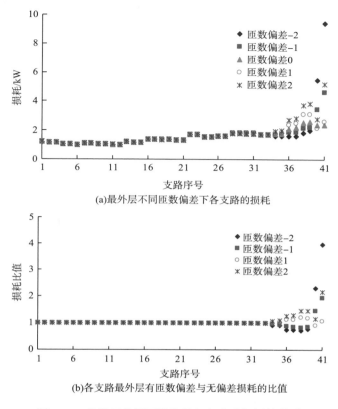

(a)最外层不同匝数偏差下各支路的损耗

(b)各支路最外层有匝数偏差与无偏差损耗的比值

图 7-25 最外层线圈匝数偏差与各支路损耗的关系

随匝数增减，增减匝数的线圈及其附近线圈损耗都产生了非常明显的变化。匝数偏差越大，各支路损耗变化越大，匝数偏差 2 匝时变化量最大为 500%以上。

（6）局部偏差对电抗器总损耗影响。

统计各种偏差下电抗器总损耗变化情况如表 7-5 所示。各种偏差下电抗器总损耗都比较小，最大变化量仅为 12%。

表 7-5 各种偏差下电抗器总损耗变化情况

偏差项	偏差量	损耗/kW	损耗比值	偏差项	偏差量	损耗/kW	损耗比值
半径	-10mm	64.892	1.02	间距	-2mm	65.190	1.03
	-5mm	64.149	1.01		-1mm	63.867	1.01
	5mm	62.751	0.99		1mm	63.766	1.01
	10mm	62.094	0.98		2mm	64.743	1.02
最内层中心距	-10mm	63.437	1.00	最内层匝数	-2匝	64.844	1.02
	-5mm	63.436	1.00		-1匝	63.818	1.01
	5mm	63.436	1.00		1匝	63.680	1.00
	10mm	63.437	1.00		2匝	64.529	1.02

偏差项	偏差量	损耗/kW	损耗比值	偏差项	偏差量	损耗/kW	损耗比值
中间层 中心距	−10mm	63.435	1.00	中间层 匝数	−2 匝	70.102	1.11
	−5mm	63.436	1.00		−1 匝	65.013	1.03
	5mm	63.435	1.00		1 匝	65.276	1.03
	10mm	63.436	1.00		2 匝	70.436	1.11
最外层 中心距	−10mm	63.436	1.00	最外层 匝数	−2 匝	70.929	1.12
	−5mm	63.436	1.00		−1 匝	65.278	1.03
	5mm	63.436	1.00		1 匝	65.252	1.03
	10mm	63.436	1.00		2 匝	70.572	1.11

(7) 局部偏差对损耗影响总结。

① 干式空心并联电抗器的损耗主要包括电阻损耗和涡流损耗，由于采用多支路多股并绕，因此电阻损耗远大于涡流损耗。

② 因为电阻损耗与电流的平方成正比，所以，在各种偏差下各支路损耗变化规律与各支路电流变化规律相似，但变化量明显增大。

③ 在各种工艺偏差下，电抗器的总损耗变化非常小。

4. 局部偏差与局部温升的关系

(1) 无偏差条件下各包封的温升。

根据数值计算的各支路损耗，用 ANSYS 软件对流场-温度场模型数值计算了无偏差条件下 BKDK-20000/35 型干式空心并联电抗器的温升，各包封温升如图 7-26 所示。

各包封温升分布较均匀，较高温升出现在第 6 包封和第 16 包封，较低温升出现在第 1 包封和第 17 包封。

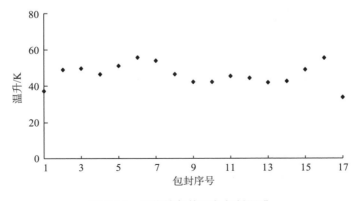

图 7-26　无偏差条件下各包封温升

（2）半径偏差对各包封温升的影响。

电抗器整体半径偏差为-10～10mm时，半径偏差与各包封温升的关系如图7-27所示。其中，图7-27（a）所示为不同半径偏差下各包封的温升，图7-27（b）所示为各包封有半径偏差温升与无偏差温升的比值。

半径减小时各包封温升增加，半径增加时各包封温升减小，这与各支路损耗变化规律基本一致。各包封温升变化量不同，内部包封温升变化量稍大于外部包封温升变化量。半径偏差为-10mm时，内部包封温升增加20%，温升为43K。

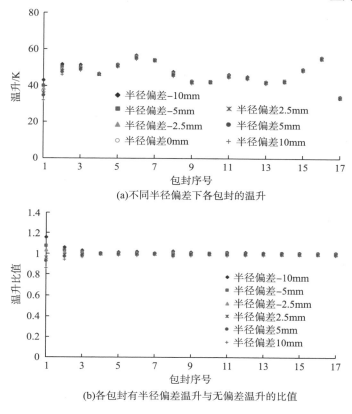

(a)不同半径偏差下各包封的温升

(b)各包封有半径偏差温升与无偏差温升的比值

图7-27　半径偏差与各包封温升的关系

（3）包封间距偏差对各包封温度的影响。

电抗器包封间距偏差为-2～2mm时，包封间距偏差与各包封温升的关系如图7-28所示。其中，图7-28（a）所示为不同包封间距偏差下各包封温升，图7-28（b）所示为各包封有包封间距偏差温升与无偏差温升的比值。

包封间距偏差后各包封温升变化比较明显，随偏差量增加各包封温升变化量增大。内外包封温升增减规律相反，在第3个包封为明显的分界点。包封间距增加2mm时，内包封温升增加80%左右，温升为67K。包封间距减小2mm时，第

6 包封温升增加 15%左右，温升为 63K。

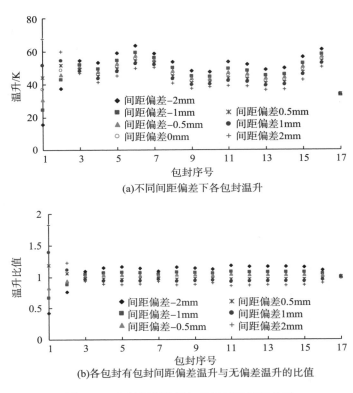

(a)不同间距偏差下各包封温升

(b)各包封有包封间距偏差温升与无偏差温升的比值

图 7-28　包封间距偏差与各包封温升的关系

（4）中心距偏差对各包封温升的影响。

最内层、中间层与最外层线圈的中心距各自偏差为-10～10mm 时，各包封温升如图 7-29～图 7-31 所示。在图 7-29～图 7-31 中，图（a）均所示为不同中心距偏差下各包封温升，图（b）均所示为各包封有中心距偏差温升与无偏差温升的比值。

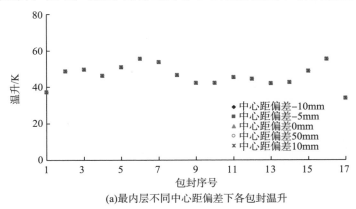

(a)最内层不同中心距偏差下各包封温升

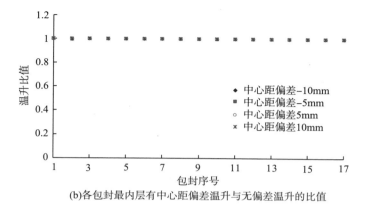

(b)各包封最内层有中心距偏差温升与无偏差温升的比值

图 7-29　最内层线圈中心距偏差与各包封温升的关系

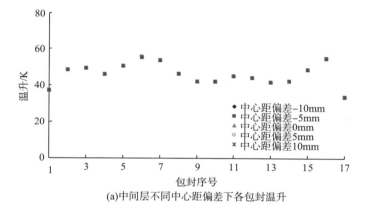

(a)中间层不同中心距偏差下各包封温升

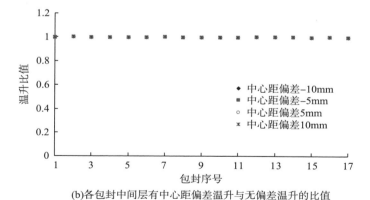

(b)各包封中间层有中心距偏差温升与无偏差温升的比值

图 7-30　中间层线圈中心距偏差与包封温升的关系

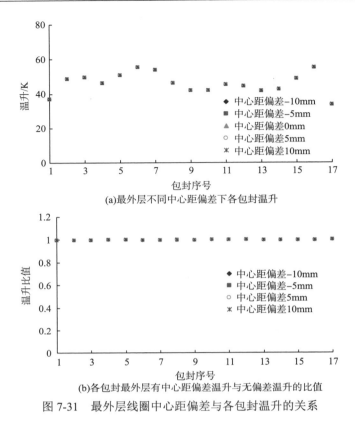

(a)最外层不同中心距偏差下各包封温升

(b)各包封最外层有中心距偏差温升与无偏差温升的比值

图 7-31　最外层线圈中心距偏差与各包封温升的关系

在不同层线圈中心距偏差后，各包封温升都基本不变，中心距偏差对包封温升的影响非常小，可以忽略。

(5)匝数偏差对各包封温升的影响。

最内层、中间层与最外层线圈匝数变化为-2～2 时，各包封温升如图 7-32 ～图 7-34 所示。在图 7-32～图 7-34 中，图(a)均所示为不同匝数偏差下各包封温升，图(b)均所示为各包封有匝数偏差温升与无偏差温升的比值。

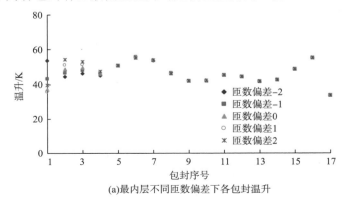

(a)最内层不同匝数偏差下各包封温升

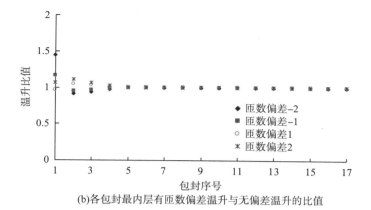

(b)各包封最内层有匝数偏差温升与无偏差温升的比值

图 7-32　最内层线圈匝数偏差与各包封温升的关系

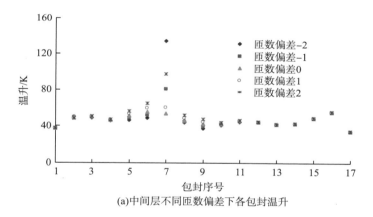

(a)中间层不同匝数偏差下各包封温升

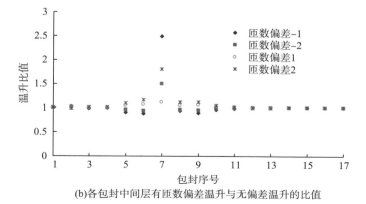

(b)各包封中间层有匝数偏差温升与无偏差温升的比值

图 7-33　中间层线圈匝数偏差与各包封温升的关系

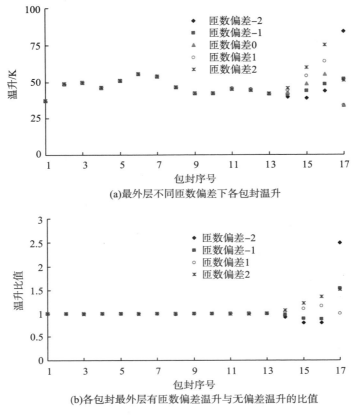

(a)最外层不同匝数偏差下各包封温升

(b)各包封最外层有匝数偏差温升与无偏差温升的比值

图 7-34　最外层线圈匝数偏差与各包封温升的关系

随匝数增减、增减匝数包封及其附近包封温升都产生了非常明显的变化。匝间偏差越大，各包封温升变化越大。中间层线圈匝数偏差 2 匝时，温升增加 148%，温升为 134K。

(6)局部偏差对局部温升影响总结。

与支路电流、支路损耗与工艺偏差的关系相似，对于不同的工艺偏差类型，各线圈中心距偏差基本不引起各包封温升变化，整体半径偏差引起各包封温升产生较小的变化，包封间距偏差引起各包封温升产生较大变化，匝数偏差引起各包封温升产生明显变化。对于各种工艺偏差，各包封温升变化也存在较大差异，局部包封温升变化大。

7.3.3　温升对绝缘性能的影响

1. 温升与绝缘性能的关系

1948 年，美国 T.W. Dakin (达根) 用化学动力学原理对绝缘材料热老化进行了

分析，得出寿命关系为

$$\lg \tau_e = A + \frac{E}{2.3R\theta} \tag{7-26}$$

式中，τ_e——绝缘材料的老化寿命；

$\quad\quad E$——分子活化能；

$\quad\quad R$——气体常数；

$\quad\quad \theta$——热力学温度。

蒙特申格尔(Montsinger)从 1941 年开始研究变压器绕组的温升问题，发现绝缘材料机械性能劣化所经历的时间和温度之间的关系可以用一个指数函数来表示。以绝缘拉伸强度达到初始值的 50%作为评判标准，蒙特申格尔寿命关系为

$$D_t = a\exp(-bt) \tag{7-27}$$

式中，D_t——绝缘材料的寿命；

$\quad\quad a$——与绝缘材料的耐热等级有关的常数；

$\quad\quad b$——0.088；

$\quad\quad t$——绝缘材料的温度。

由此确定了电工设备绝缘材料的耐热等级如表 7-6 所示。对于每种绝缘材料都有一个固定的温度变化值，当温度升高时，则寿命减小到一半。

表 7-6 电工设备绝缘材料的耐热等级

绝缘等级	Y	A	E	B	F	H	C
温度/℃	90	105	120	130	155	180	180 以上

沈蔚在 Dakin 及 Montsinger 寿命定律的基础上，推算出电机绝缘等级寿命与温度的函数关系为

$$\lg \tau_A = \frac{5300.687}{T} - 9.625 \tag{7-28}$$

$$\lg \tau_E = \frac{5683.121}{T} - 10.064 \tag{7-29}$$

$$\lg \tau_B = \frac{4808.121}{T} - 7.533 \tag{7-30}$$

$$\lg \tau_F = \frac{5428.494}{T} - 8.286 \tag{7-31}$$

$$\lg \tau_H = \frac{6086.495}{T} - 9.038 \tag{7-32}$$

式中，τ_A——A 级绝缘老化寿命(h)；

$\quad\quad \tau_E$——E 级绝缘老化寿命(h)；

$\quad\quad \tau_B$——B 级绝缘老化寿命(h)；

τ_F ——F 级绝缘老化寿命(h)；

τ_H ——H 级绝缘老化寿命(h)；

T ——热力学温度(K)。

2. 局部温升对电抗器绝缘破坏性分析

干式空心并联电抗器匝间绝缘为聚酯薄膜绝缘，包绕绝缘为环氧玻璃丝。这一绝缘体系与电机绝缘一致,可以用沈蔚的研究成果评判干式空心并联电抗器绝缘的老化程度。干式空心并联电抗器的绝缘等级为 E 级，E 级绝缘寿命与工作温度的关系如表 7-7 所示，温度每升高 10℃，寿命大约会减少一半。

表 7-7　E 级绝缘寿命与工作温度的关系

温度/℃	80	90	100	110	120	130	140
寿命/h	123.7	44.6	17.0	6.8	2.8	1.2	0.6

从干式空心电抗器温升分布特性来看，工艺偏差会引起局部包封温升提高，造成局部绝缘寿命下降。由于一旦局部绝缘损坏，整台电抗器便烧毁。因此，局部温升升高会加速电抗器绝缘老化，使用寿命下降。

7.3.4　小结

(1)中心距偏差基本不引起各支路电流变化，整体半径偏差会引起各支路电流产生较小的变化，包封间距偏差会引起各支路电流产生较大变化。

(2)匝数偏差会引起各支路电流产生明显变化，当第 21 支路出现 2 匝的负偏差、阻抗约偏差 60.34%时，支路电流偏差达 150%。对于各种工艺偏差，局部支路电流变化大，电抗器总电流变化小。

(3)电阻损耗远大于涡流损耗。因为电阻损耗与电流的平方成正比，所以，在各种偏差下各支路损耗变化规律与各支路电流变化规律相似，但变化量明显增大。

(4)2 匝(约 60.34%阻抗)的匝数偏差引起该支路损耗增大 500%。

(5)中心距偏差基本不引起各包封温升变化，整体半径偏差会引起各包封温升产生较小的变化，包封间距偏差会引起各包封温升产生较大变化。

(6)2 匝的匝数偏差会引起该包封 50K 的温度增加。绝缘寿命下降到原来的 1/74，仅能运行半年多。

(7)控制不住的局部匝数偏差是投运不到 3 年的新电抗器烧损的主要原因，也是不同厂家、不同批次产品平均出现 11%的故障率的真正原因。

7.4　局部电场畸变的危害

为了深入开展 35kV 干式空心并联电抗器匝间击穿故障形成的机理研究，这里基于西南某省 500kV 变电站的某厂的一台 35kV 干式空心并联电抗器，利用 ATP-EMTP 及有限元仿真计算和电抗器主绝缘材料空间电荷测量技术，开展了 35kV 干式空心并联电抗器匝间放电故障综合分析研究。

7.4.1　基于有限元法的匝间电场仿真

1. 仿真简介

干式空心电抗器由若干个包封包绕而成，包封内导体为铝导线，铝导线外层依次是无纺布、两层聚酯薄膜，包封的外层为环氧玻璃纤维树脂层。以某厂一台 BKDK-20000/35 干式空心并联电抗器为例，其具体参数如表 7-8 所示。

表 7-8　电抗器设备参数

额定电压/kV	19.92	额定容量/Mvar	20
额定电流/A	1004	电抗器值/mH	63.145
直流电阻/Ω	0.059	总体高度/mm	2450
外直径/mm	2999	层数	41
包封数	17	摆放方式	品字形
三相间距/mm	4913	离地面高度/mm	3854

考虑电抗器轴对称型，基于 COMSOL Multiphysics®软件搭建的电抗器模型，如图 7-35 所示。

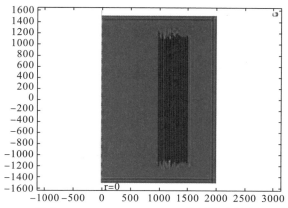

图 7-35　基于 COMSOL Multiphysics®软件搭建的电抗器模型

　　此外，干式空心电抗器载流导线其铝导线外层包覆一层无纺布和两层聚酯薄膜，包封材料为浸胶玻璃纤维。干式空心电抗器固化成型后，整个结构是脆性的。而电抗器投运后，铝导线发热并产生热膨胀，停电后又会冷却收缩。由于运行造成的热胀冷缩和制造工艺等原因导致了两层聚酯薄膜之间形成了一定的间隙界面，如图 7-36 所示。为了研究这类多层介质结构间隙引起的电场畸变情况，这里也基于 COMSOL Multiphysics®软件搭建了准静态电场计算模型，模型中间隙为3nm，模拟多层绝缘材料界面存在间隙时电场畸变情况。

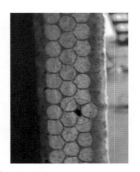

(a)某省500kV变电站干抗解体

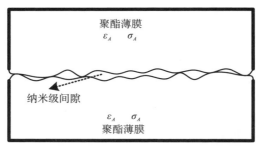

(b)多层绝缘体材料界面间隙示意图

图 7-36　电抗器多层绝缘材料界面间隙图

2. 电抗器匝间平均电场分布情况

　　以上述 BKDK-20000/35 干式空心并联电抗器设计数据，如表 7-9 所示。通过COMSOL Multiphysics®仿真研究发现，在工频额定电压下，在第 1 层支路中间处，匝间电场强度约为 0.245kV/mm，而在第 41 层支路中间处，匝间电场强度达到了0.426kV/mm，如表 7-9 和图 7-37 所示。

表 7-9　各层匝间电场分布规律

位置	最小值(两端)	最大值(中间)	平均值
第 1 层	0.136kV/mm	0.245kV/mm	0.215kV/mm
第 41 层	0.270kV/mm	0.426kV/mm	0.379kV/mm

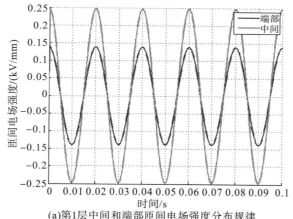

(a)第1层中间和端部匝间电场强度分布规律

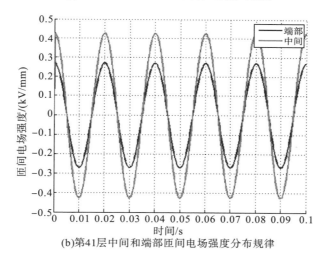

(b)第41层中间和端部匝间电场强度分布规律

图 7-37　匝间电场强度分布规律

3. 双层聚酯薄膜间隙导致的平均电场畸变情况

通过 COMSOL Multiphysics® 计算双层聚酯薄膜界面之间存在 3 nm 间隙时将引起 5 倍多电场畸变，如图 7-38 所示。

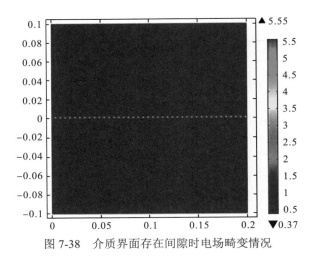

图 7-38   介质界面存在间隙时电场畸变情况

上述计算是在假设匝间双层聚酯薄膜界面之间存在正弦函数的理想间隙。但实际中介质界面结构会随着设备运行时间和温度的不同而变化，界面的不均匀导致了介质界面存在尖峰形状的间隙。由于界面处存在间隙，导致了此处的介电常数的不连续，因此这将导致此处的电场畸变情况加剧。

7.4.2   电抗器匝间绝缘材料空间电荷分布规律

本实验采用电声脉冲法(PEA)测量双层聚酯薄膜试样的空间电荷分布特性。在实验室测得35kV干式空心并联电抗器双层聚酯薄膜绝缘材料在外施-7kV/mm，加压极化1800s的空间电荷分布特性，如图 7-39(a)所示。由图 7-39(a)可知，加压初期(10s)阳极与材料界面空间电荷密度迅速增大到极大值，约为 $3.90C/m^3$，阳极附近有少量负电荷产生。在双层介质界面处也迅速积聚了大量正极性空间电荷，约为 $1.20C/m^3$，并且在靠近阴极的一层试样内贯穿分布着一定量负极性电荷。

随着加压时间的增加，阳极附近少量负极性电荷消失，双层介质界面处积聚的正极性电荷逐渐向靠近阴极的一层试样内偏移。贯穿分布于靠近阴极一层试样内的负极性电荷逐渐变成正极性。阳极界面正极性空间电荷密度峰值逐渐减小并向试样内部偏移，阴极界面负极性空间电荷密度峰值逐渐增大。

导致这一系列现象的原因可能是：样品经 130℃且老化 1000h 后，双层介质界面处形成了大量正电荷"陷阱"。加压初期，大量从阳极注入的正电荷在向阳极迁移过程中，中和了阳极附近少量负极性电荷，之后被双层介质界面处正电荷"陷阱"捕获，导致大量正极性电荷在此积聚。从阴极注入的负电荷在界面处发生剧烈的中和现象，阻挡了负电荷继续向阳极迁移。随着加压时间的增加和正电荷不断注入，少量正极性电荷"跨过"正电荷陷阱，注入到了靠近阴极的一层样品内，中和了加压初期注入的负极性电荷。正电荷在双层介质界面处的积聚，削弱了阳极附近电场强度，增强了阴极附近电场强度[24-25]。因此，加压后期正极性电荷注入减弱，加压 900s 后，空间电荷分布基本达到动态平衡。

为研究不同电场强度下，空间电荷在样品内的分布特性，笔者在实验室测量了样品在-7～-3kV/mm 直流电场作用下的空间电荷特性，如图 7-39(b) 所示。由图 7-39(b) 可知，两电极处及双层介质界面处积聚的空间电荷密度随着外施场强的增大而增大。这表明了电场强度的增大，影响了注入样品内部的电荷量，在双层介质界面处激发了更多的正电荷"陷阱"。

随着绝缘材料逐渐老化，多层绝缘材料之间形成的间隙，使得空间电荷极易在间隙处积聚且难以消散且设备由于运行过程中承受多次冲击电压的累积效应，绝缘介质内部也容易形成空间电荷聚集，导致聚合物绝缘介质局部电场严重畸变[23,26]。研究发现，在聚合物中这种畸变可使局部电场比平均电场高出 5～8 倍[27]。

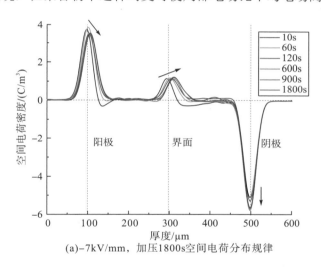

(a)-7kV/mm，加压1800s空间电荷分布规律

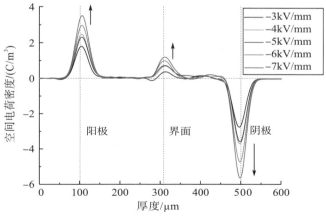

图 7-39 不同电场强度下空间电荷分布特性

7.4.3　小结

(1)单丝线电抗器的绕制过程中，股线间较容易形成不规则间隙，引起空间电荷聚集，导致聚合物绝缘介质局部电场严重畸变。

(2)采用电声脉冲法(PEA)测量发现在聚合物中这种畸变可使局部电场强度比平均电场强度高出 5～8 倍。

7.5　结　　论

(1)随着电抗器容量的增大，其结构复杂度由 24.1%上升到 116.9%，最高达138.5%，上升了 5.7 倍，制造难度也增加了 5.7 倍。在现有的制造装备水平下，这是无法做到保质保量的。

(2)约 1%的匝数偏差会引起阻抗偏差 60.34%、支路电流偏差达 150%、该支路损耗增大 500%、引起该包封的温度增加 50K，绝缘寿命下降到原来的 1/74，仅能运行半年多。

(3)单丝线电抗器股线间不规则间隙，会引起局部电场严重畸变，可使局部电场强度比平均电场强度高出 5～8 倍。

(4)匝数偏差是投运不到 3 年的新电抗器烧损的主要原因，也是不同厂家、不同批次产品平均 11%的故障率的真正原因。

8 新型成型换位线电抗器

从前面的研究中可以梳理出，电抗器烧损的首要原因是局部匝数偏差诱发的局部高温及局部暂态电动力冲击；其次是材料的耐温问题。所以，解决问题的关键应从设计结构上入手，降低结构复杂度，打通"单丝线"电抗器的"天花板"，从结构简化上彻底解决烧损问题。

借鉴变压器及发电机绕组换位线的原理，研制了图 8-1 所示的全绝缘全换位编绕成型线，并用其开发研制了首台 35kV 20000kvar 换位成型线电抗器，如图 8-2 所示。

图 8-1 全绝缘全换位编绕成型线

图 8-2 35kV 20000kvar 换位线电抗器

　　表 8-1 及图 8-3 给出了换位线电抗器与传统单丝线电抗器结构复杂度变化的比较分析。

　　(1) 包封数由 16 个减少到 11 个、支路数由 46 个减少到 11 个。结构复杂度由 116.9 直线下降到 14.2，降低了 10 倍，复杂度低于 3.3Mvar 的 24.1，所以，比照其 0.87% 的故障率，可以预期换位线电抗器的故障率应低于 1%。

表 8-1　换位线电抗器与传统单丝线电抗器结构复杂度变化表

容量/Mvar	包封数	支路数	高度变化率/%	半径变化率/%	匝数变化率/%	导线种类变化率/%	铝线重量变化率/%	复杂度	故障率
3.3	8	22	4.73	30.6	27.8	46.2	28.5	24.1	
5	8	33	6.25	39.9	40.4	53.8	42.8	46.3	0.87%
6.7	11	31	4.52	51.6	54.5	53.8	44.0	51.0	
10	15	43	6.75	96.6	118.8	100.0	66.8	138.5	
20(单丝线)	16	46	6.08	72.0	83.8	92.3	99.8	116.9	11%
20(换位线)	11	11	5.10	51.7	33.9	38.5	100.0	14.2	<1%

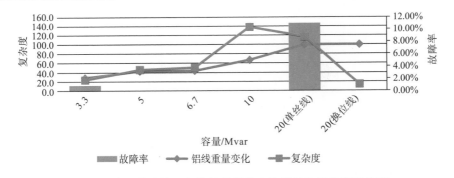

图 8-3　换位线电抗器与传统单丝线电抗器结构复杂度变化图

　　(2) 匝间绝缘长度由 $L_单 \approx 182$ 匝 $\times \pi (D_1+D_2+\cdots+D_{16}) \times 46 \div 16$，下降到 $L_换 \approx 60$ 匝 $\times \pi(D_1+D_2+\cdots+D_{11}) \times 11 \div 11$。$(L_单 - L_换)/L_换 \approx 6.32$ 倍。匝间绝缘长度至少缩短到原来的 1/6，相当于匝间绝缘故障率降低到原来的 1/6。

　　(3) 换位线电抗器与传统单丝线电抗器匝间绝缘比较如图 8-4 所示。换位成型线形状很规整，其形成的匝间电容比较均匀，有效减小了匝间电场发生畸变的概率。

　　(4) 换位线电抗器与传统单丝线电抗器绕组排列比较如图 8-5 所示。换位成型线经编绕、压制成型，其整体结构强度较传统单丝线大幅提高，能更好地耐受电动力冲击。

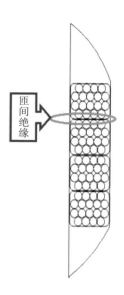

图 8-4　换位线电抗器与传统单丝线电抗器匝间绝缘比较

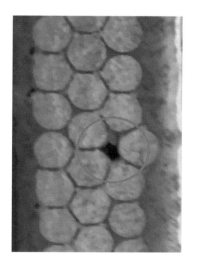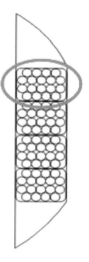

图 8-5　换位线电抗器与传统单丝线电抗器绕组排列比较

9　综合防范技术措施

9.1　目　　标

(1)杜绝电抗器运行中起火故障的发生。避免燃烧产生的烟火、粉尘殃及上方母线等周围设备，造成事故扩大等。避免对企业形象造成负面影响，对社会正常生活秩序造成不必要的干扰。

(2)避免连续频繁烧损故障发生。避免烧损了 A 相，更换 A 相投运后(一年半载)，又发生 B 相或 C 相的烧损故障。

(3)大幅降低电抗器故障率，整体提高电抗器的安全运行水平，消除电网安全运行隐患。通过综合治理，3 年内争取把电抗器平均故障率由 11%降低到 5%以下，5 年后力争降低到 3%以下。

9.2　设计、制造

(1)新建项目，应按《10kV～110kV 干式空心并联电抗器技术要求》(T／CEC 130—2016)标准的要求，对容量大于 10Mvar 的干式空心并联电抗器，应选用新型成型换位线电抗器，并且其匝间绝缘应采用聚氰酰胺薄膜。

(2)新建项目，预估到系统电压波动较大、电抗器可能频繁投切的，可按《10kV～66kV 油浸式并联电抗器技术要求》(T／CEC 109—2016)标准的要求，选用油浸式并联电抗器。使用油浸式电抗器的，必须装设差动保护，便于快速解除故障。

(3)签订合同时，额定电压、最高电压及匝间绝缘材料等一定要按标准的要求明确。工厂监造及出厂验收时，要查验确认相关证书、工艺文件等材料。

9.3　运行、维护

(1)每年 10 月份在枯水季到来时，检查一次直流电阻，对横比、纵比超过 1%的，一定要仔细检查，及时查出断股缺陷并修复。

(2)发生一相烧损故障的电抗器组，对未直接烧损的另外两相电抗器，应测量其直流电阻、交流阻抗及匝间振荡波耐压试验。对不合格相，应退役报废，另外一相(或两相)作为临时备品备用。这主要是由干式空心电抗器的特性决定的，当一相发生烧损时，会对另外两相造成冲击，如果只更换故障相，往往投运不久另外两相也会发生烧损。为避免烧损频繁发生，另外两相宜做备品使用。对整个电抗器组应按《10kV～110kV 干式空心并联电抗器技术要求》(T／CEC 130—2016)标准的要求，3 相都更新为新型成型换位线电抗器。

(3)对投切频繁的 KMBF 变电站、WSYS 变电站，可选用油浸式电抗器。

(4)对于电压偏高的 QJQJ 变电站，建议结合技改，适当增加容量，把 15Mvar 电抗器增加到 20Mvar。

9.4 退 役

对运行时间达到 10 年及以上的电抗器，应按企业相关资产管理标准的要求，启动鉴定程序，对有家族性缺陷的应制订 3 年滚动实施计划，安排其退役报废，用新型电抗器更换，避免运行中发生起火故障。

主要参考文献

Deshmukh A V, Talavage J J, Barash M M, 1998. Complexity in manufacturing systems, part 1:analysis of static complexity[J]. IIE Transactions, 30: 645-655.

Efstathiou J, 2002. The utility of complexity[J]. Manufac-turing Engineer, 81(2): 73-76.

Mason-Jones R, Towill D R, 1998. Shrinking the supply chain uncertainty circle[J]. IOM Control, 24(7):17-22.

Mawby D, Stupples D W, 2000. Deliver complex projects successfully by managing uncertainty[C]. MCCARTHY I P, RAKOTOBE-JOEL T. Pr'Ceedings of the Conference on Complexity and Complex Systems in Industry, War-wick, UK, 2000. Warwick: 155-166.

Wiendahl H P, Scholtissek P, 1994. Management and control of complexity in manufacturing[J]. Annals of the International Institution for Production Engineering Re-search (CIRP), 43(2): 1-8.

Buzacott J A,1995. A perspective on new paradigms in manufacturing[J]. Journal of Manufacturing Systems, 14(2): 118-125.

附　　录

10kV～110kV 干式空心并联电抗器
技术要求(T/CEC 130—2016)

1　范围

本标准规定了干式空心并联电抗器(以下简称电抗器)的术语和定义、使用条件、技术性能、技术要求、试验、使用与维护等要求。

本标准适用于电压等级为 10kV～110kV、额定频率为 50Hz、用以补偿电容电流的干式空心并联电抗器。

2　规范性引用文件

下列文件对于本标准的应用是必不可少的。凡是标注日期的引用文件,仅标注日期的版本适用于本标准。凡是不标注日期的引用文件,其最新版本(包括所有的修改单)适用于本标准。

GB 1094.1　电力变压器　第 1 部分：总则

GB 1094.3　电力变压器　第 3 部分：绝缘水平、绝缘试验和外绝缘空气间隙

GB/T 1094.6　电力变压器　第 6 部分：电抗器

GB/T 1094.10　电力变压器　第 10 部分：声级测定

GB 1094.11　电力变压器　第 11 部分：干式变压器

GB/T 1094.12　电力变压器　第 12 部分：干式电力变压器负载导则

GB/T 2424.1　环境试验　第 3 部分：支持文件及导则　低温和高温试验

GB/T 2900.5—2013　电工术语　绝缘固体、液体和气体

GB/T 2900.10—2013　电工术语　电缆

GB/T 2900.25—2008　电工术语　旋转电机

GB/T 2900.83—2008　电工术语　电的和磁的器件

GB/T 2900.95—2015　电工术语　变压器、调压器和电抗器

GB/T 3955　电工圆铝线

GB/T 4074.1—4074.6　绕组线试验方法

GB/T 4797.7　电工电子产品环境条件分类　自然环境条件　地震振动和冲击

GB/T 4909.1—4909.8　裸电线试验方法

GB/T 7672.6—2008　玻璃丝包绕组线　第 6 部分：玻璃丝包薄膜绕包扁铜线

GB/T 7673.1—2008　纸包绕组线　第 1 部分：一般规定

GB/T 8287.1—8287.2　标称电压高于 1000V 系统用户内和户外支柱绝缘子

GB/T 13542（所有部分）　电气绝缘用薄膜

GB/T 13657　双酚 A 型环氧树脂

GB/T 26218（所有部分）　污秽条件下使用的高压绝缘子的选择和尺寸确定

GB 50150　电气装置安装工程　电气设备交接试验标准

DL/T 393　输变电设备状态检修试验规程

DL/T 596　电力设备预防性试验规程

DL/T 627　绝缘子用常温固化硅橡胶防污闪涂料

DL/T 1048　标称电压高于 1000V 的交流用棒形支柱复合绝缘子——定义、试验方法及验收规则

DL/T 5014　330kV～750kV 变电站无功补偿装置设计技术规定

DL/T 5242　35kV～220kV 变电站无功补偿装置设计技术规定

JB/T 6758.1—2007　换位导线　第 1 部分：一般规定

JB/T 10775　6kV～35kV 级干式并联电抗器技术参数和要求

JB/T 10943—2010　电气绝缘用玻璃纤维　增强挤拉型材——干式变压器用撑条

3　术语和定义

下列术语和定义适用于本标准。为了方便使用，以下重复列出了 GB/T 7672.6 等标准中的某些术语和定义。

3.1　薄膜　film

最大厚度可任意限定的薄型塑料制品，厚度比其长度和宽度小得多，一般成卷供应。

注：最大极限厚度通常为几百微米。

[GB/T 7672.6—2008，定义　3.2]

3.2　绕包层　covering

被缠绕、包覆或编织在裸或绝缘导体上的材料。

[GB/T 7673.1—2008，定义　3.1.3]

3.3 重叠绕包 overlapping

同一绕包层的相邻膜带边缘相互搭压的绕包形式。

[JB/T 6758.1—2007，定义 3.1.3]

3.4 重叠宽度 width of overlapping

重叠绕包时膜带边缘搭压部分的宽度。

[JB/T 6758.1—2007，定义 3.1.3]

3.5 绕包绝缘 lapped insulation

由绝缘膜带螺旋绕包缠绕成同心层组成的绝缘。

[GB/T 2900.10—2013，定义 461-02-03]

3.6 导体绝缘 conductor insulation

在单根导体上的绝缘或相邻导体之间的绝缘。

[GB/T 2900.25—2008，定义 411-39-01]

3.7 股绝缘 strand or lamination insulation

在一股导体上的绝缘，或者与相邻的股之间的绝缘。

[GB/T 2900.25—2008，定义 411-39-02]

3.8 （线）匝 turn

组成一圈的一根或多根并联导线。

[GB/T 2900.95—2015，定义 5.3.1]

3.9 匝绝缘 turn insulation

包绕在每一线匝导体上的绝缘。

[GB/T 2900.25—2008，定义 411-39-03]

3.10 匝间绝缘 interturn insulation

相邻匝之间的绝缘。

[GB/T 2900.25—2008，定义 411-39-04]

3.11 温度指数 temperature index；TI

表示绝缘材料或绝缘系统耐热能力的摄氏温度值。

注 1：对绝缘材料，温度指数是从热寿命关系中对应与给定时间（通常为 20 000h）推出。温度指数可以作为确定材料温度等级的依据。

注 2：对绝缘系统，温度指数可由已知使用经验的，或者从已评定且已确定的参照绝缘系统的已知比较功能性评定中得出。

[GB/T 2900.5—2013，定义 212-12-11]

3.12　包封　encapsulating

将工件包上一层热塑性或热固性的防护层或绝缘涂层的工艺过程。

注：可以采用如涂刷、蘸浸、喷涂、热成型或模塑等合适的方法进行包封。

[GB/T 2900.5—2013，定义 212-13-03]

3.13　包封绕组　encapsulated-winding

由浸透环氧树脂胶的无纬玻璃丝带，通过模具将绕组完全包绕密封，并热固化成型的一个同心圆形的电抗器部件。数个不同直径的包封绕组部件同心套装形成一个干式空心电抗器。

3.14　撑条　stay

用于通过支撑形成绕组散热气道的绝缘件。

[JB/T 10943—2010，定义 3.1.2]

3.15　星形支架　star-shaped support

用于支撑固定绕组，并起到汇流作用的星形金属支架。

3.16　环氧玻璃钢　epoxy glass fiber reinforced plastic

采用热固性环氧树脂为基体材料，以玻璃纤维为主要增强材料，加入一定量助剂和辅助材料，经缠绕、浇注、粘贴、挤压、拉挤，并热固化成型的部件。其强度相当于钢材，具有耐腐蚀、电绝缘、隔热等性能。

3.17　电线/导线　wire

有或无外包绝缘的柔性圆柱形导体，其长度远大于其截面尺寸。

注：导线的截面可能有任何形状，但"导线"一词一般不用于条状或带状导体。

[GB/T 2900.83—2008，定义 151-12-28]

3.18　单丝线　single wire

制作电抗器用的单根导线。

3.19 单丝线电抗器 single wire reactor

由数根包绕了绝缘膜的单丝线，按一定的规则同心、并联连续绕制成包封绕组，数个这样的包封绕组制成的电抗器。

3.20 换位线 transposed and shaped winding wire

以一定根数的包绕绝缘膜的单丝线，按一定的规则编绕、换位，并通过整形、粘接、压制等工艺制成的成型线。

3.21 换位线电抗器 transposed and shaped winding wire reactor

由数股包绕了绝缘膜的换位线，按一定的规则同心、并联连续绕制成包封绕组，数个这样的包封绕组制成的电抗器。

3.22 预期寿命（电气绝缘系统的） intended life（of an electric insulation system）

电气绝缘系统在使用条件下的设计寿命。
[GB/T 2900.5—2013，定义 212-12-18]

4 使用条件

4.1 正常使用条件、

电抗器在下列条件下，应能正常工作：
——海拔：≤1000m；
——最高气温：40℃；
——最热月平均温度：30℃；
——最高年平均温度：20℃；
——最低气温：-25℃；
——最高相对湿度：25℃下为90%；
——污秽等级：d 级；
——最大风速：35m/s；
——覆冰厚度：≤10mm；
——地面水平加速度：3m/s^2；
——地面垂直加速度：1.5m/s^2。

4.2 特殊使用条件

4.2.1 当电抗器用于海拔超过1000m的地方运行，而试验场所的海拔比安装地点低时，其包封绕组及支撑绝缘所需的空气间隙，应按每增加100m（对1000m

海拔而言），空气间隙值加大 1%来校核。

4.2.2   当电抗器是在海拔超过 1000m 处运行，而其试验却是在正常海拔处进行时，如果制造单位与用户间无另外协议，温升限值应根据运行地点的海拔超过 1000m 的部分，以每 500m 为一级，按 2.5%的数值相应降低。如果电抗器的试验是在海拔高于 1000m 处进行，而安装现场的海拔却低于 1000m 时，则温升限值要做相应的逆修正。经海拔修正后的温升限值，应修约到最接近的整数值（单位为 K）。

4.2.3   当电抗器用于空气温度超过 4.1 中所规定的各最大值中的某一个值时，电抗器的温升限值应按超过的数值降低，并应将其修约到最接近的整数值（单位为 K）。如果现场条件可能会使空气受到某种限制或使空气温度变高时，则用户应予以阐明。

4.2.4   当电抗器用于地震多发地区运行时，经供需双方协商，应按 GB/T 4797.7 标准的规定，用计算的方法验证其抗震能力。

4.2.5   当电抗器用于最低温度低于−25℃的严寒地区运行时，由用户提出相应的低温技术要求，以及低温适应性试验项目，可参考 GB/T 2424.1 标准进行低温验证试验并提供试验报告。

4.2.6   当电抗器用于较严重污秽地区或沿海地区运行时，其包封绕组及支柱绝缘子的外绝缘污秽等级应符合 GB/T 26218.1～26218.3 等标准的规定，满足安装环境要求。

5   技术性能

5.1   型式

户外、单相、干式、空心。

5.2   冷却方式

自冷（ONAN）。

5.3   连接方式

中性点不接地的星形连接（Y）。

5.4   工作频率

50Hz。

5.5   性能参数

电抗器的性能参数如表 1 所示。

表 1 电抗器性能参数

额定容量/Mvar	系统标称电压/kV	额定电压/kV	最高运行电压/kV	声级(声压级)/dB(A)	损耗(75℃)/kW
1.00	10	$11/\sqrt{3}$	$12/\sqrt{3}$	55	12
2.00				55	15
2.67				55	20
3.33				55	22
5.00				60	28
6.67				60	36
10.00				60	42
15.00				60	51
0.67	20	$22/\sqrt{3}$	$24/\sqrt{3}$	55	7
1.67				55	19
3.33				55	24
5.00				60	28
6.67				60	35
10.00				60	43
15.00				60	55
20.00				60	63
3.33	35	$37.5/\sqrt{3}$	$40.5/\sqrt{3}$	55	25
5.00				55	29
6.67				60	37
10.00				60	43
15.00				60	55
20.00				60	63
10.00	66	$66/\sqrt{3}$	$72.5/\sqrt{3}$	60	43
15.00				60	54
20.00				60	63
30.00				63	85
40.00				63	93
80.00	110	$110/\sqrt{3}$	$126/\sqrt{3}$	63	196

注：表 1 中额定容量是推荐值，若有特殊需要，用户则可与制造厂协商确定，其损耗、声级可用插值法确定。

表 1 中额定损耗、声级水平是依据行业的平均水平确定。

5.6 绝缘水平

5.6.1 电抗器绕组的绝缘水平如表 2 所示。

表 2 电抗器绕组的绝缘水平   单位：kV

系统标称电压 （方均根值）	设备最高电压 U$_m$（方均根值）	额定雷电冲击耐受 电压（全波峰值）	额定短时感应耐受 电压（方均根值）	匝间过电压试验电 压（峰值）
10	12/$\sqrt{3}$	75	35	66
20	24/$\sqrt{3}$	125	55	103
35	40.5/$\sqrt{3}$	200	85	160
66	72.5/$\sqrt{3}$	325	140	—
110	126/$\sqrt{3}$	480	200	—

5.6.2 电抗器支撑绝缘水平应满足 GB/T 8287.1～8287.2 和 DL/T 1048 标准的规定。

5.7 温升限值

电抗器在正常使用条件下，在最高运行电压下的平均温升限值应符合 JB/T 10775 标准的规定，如表 3 所示。

表 3 电抗器的温升限值表   单位：K

绝缘耐热等级	绕组平均温升限值
B	≤55
F	≤75
H	≤100

电抗器绕组端子的最高温度不应超过 90℃，星形支架及其他金属部件的温度，不应对电抗器任何部分造成损害。

5.8 允许偏差

5.8.1 在额定电压和额定频率下，电抗器电抗设计值与实测值的允许偏差应在±5%以内，每相电抗值与 3 相电抗平均值的偏差应不大于±2%。

5.8.2 在额定电压和额定频率下，换算到 75℃时的损耗，其偏差不应超过规定值的 10%。

5.9 声级水平

电抗器声级应满足安装位置环保要求，如果无特殊规定，则应按照 GB/T 1094.10 标准的规定，在额定电压下，测量点距电抗器基准发射面 2m，当其高度小于 2.5m 时，应在电抗器高度 1/2 处测量；若其高度大于 2.5m，应在电抗器高度 1/3 及 2/3 处测量。声级（声压级）水平不应超过表 1 的规定。

5.10 燃烧性能等级

电抗器燃烧性能等级按 GB 1094.11 标准的规定，应达到 F0 及以上。

5.11 预期寿命

在本标准规定的工作条件下正常运行，并按照制造厂商的使用维护说明书要求进行维护的情况下，电抗器的预期寿命不应低于 30 年。

6 技术要求

6.1 基本要求

6.1.1 电抗器应符合 GB 1094.1、GB 1094.3、GB/T 1094.6、GB/T 1094.10、GB 1094.11、GB/T 1094.12、DL/T 5014、DL/T 5242 等标准的规定。

6.1.2 电抗器组件、部件的设计、制造及检验等应符合相关标准及法规的要求。

6.1.3 电抗器在设计、制造时，应充分考虑其频繁投切的特殊运行方式，其包封绕组及固定部件等，在预期寿命期内不应产生有害变形及损伤。

6.2 结构及部件要求

6.2.1 单丝线

绕制电抗器的单丝线应符合 GB/T 3955 标准的规定，其尺寸、拉力、扭转、弯曲等性能应满足 GB/T 4909.1～4909.8 等标准规定的要求。

6.2.2 单丝线绝缘

单丝线绝缘即导体绝缘，应选用符合温度指数要求的电工用绝缘薄膜进行重叠包绕。绕包层应紧密地、均匀平整地绕包在导体上。绕包层不应缺层，不应有起皱和开裂等缺陷。单丝线电抗器的匝间绝缘与股间绝缘无法有效区分，应统一按匝间绝缘要求。绝缘薄膜应符合 GB/T 13542.1～13542.6 等标准规定的要求。

6.2.3 单丝线电抗器

应采用包有符合温度指数要求的匝间绝缘层的定长导线绕制，中间不应有接头。绕制过程中，应注意控制工艺分散性，不宜采用调匝环结构。

6.2.4　换位线绝缘

换位线绝缘由股绝缘和匝绝缘构成。数根包绕了导体绝缘的单丝线换位编绕成型为一股换位线，数股包绕了股绝缘的换位线按一定的规则并联排列在一起，并包绕温度指数为 F 级及以上耐热等级的匝绝缘层形成一根绕组线，一根这样的绕组线绕制成一个包封绕组。换位线应符合 GB/T 4074.1～4074.6 和 JB/T 6758.1—2007 等标准规定的要求。绝缘薄膜应符合 GB/T 13542.1～13542.6 等标准规定的要求。

6.2.5　换位线电抗器

容量在 10Mvar 及以上的电抗器，应采用匝间绝缘为 F 级及以上耐热等级的换位绕组线绕制而成。

6.2.6　包封绕组

应选用符合 GB/T 13657 标准要求的 B 级及以上环氧树脂胶为基体，以浸透环氧树脂胶的无纬玻璃丝带等玻璃纤维制品为补强材料，添加能使固化后的包封绕组绝缘的热膨胀系数与绕组热膨胀系数尽量接近的、能增强包封韧性的助剂，把绕组全部密封包绕，热成型固化形成一个包封绕组。这个包封绕组的环氧树脂层同时承担着支撑、固定绕组的作用，其强度应达到玻璃钢体的要求，不应分层、龟裂。

6.2.7　包封绕组表面

容量在 10Mvar 及以上的电抗器，其最外包封绕组的外表面应按 DL/T 627 标准规定的要求，喷涂 RTV-II 型防污闪涂料，每一包封绕组表面的两端部由端部向中心不少于 20cm 的部分也应喷涂 RTV-II 型防污闪涂料。污秽等级达 e 级的地区，每个包封绕组表面都应涂覆 RTV-II 型防污闪涂料。RTV-II 型防污闪涂层在 6 年内不应出现龟裂、剥落等现象。

7　试验

7.1　一般要求

例行试验、型式试验和特殊试验的一般要求参见 GB 1094.1 标准。

7.2　例行试验

例行试验项目包括：

——绕组对地绝缘电阻；

——绕组直流电阻测量；

——绕组电抗测量；

——雷电冲击试验；

——感应耐压试验；

——环境温度下的损耗测量。

7.3　型式试验

型式试验项目包括：

——温升试验；

——声级测量。

7.4　特殊试验

特殊试验项目包括：

——绕组热点温升测量；

——外施耐压试验；

——耐低温性能试验。

8　铭牌

铭牌应包含以下信息：

——型号；

——户外用；

——制造方名称；

——出厂序号；

——制造年月；

——绝缘水平；

——绝缘耐热等级；

——额定容量；

——额定频率；

——额定电压；

——额定电流；

——最高运行电压；

——额定电压及频率下的电抗实测值；

——冷却方式；

——总质量。

9　标志、包装、起吊、运输和贮存

9.1　电抗器应有"当心触电"安全标志及运输、起吊标志和接线端子标志。其标志图示应符合相关标准的规定。

9.2　应根据交货地点的实际运输条件，本着便于运输、防潮的原则，将电抗器本体和所有部件包装完好。

9.3　电抗器应具有承受电抗器总质量的起吊装置。

9.4　运输期间，包装应保证产品及部件不得损坏和松动，并应有防震、防潮措施。

9.5　贮存期间，为避免受潮，底座应高于地面 100mm 以上，长期贮存应进行包装。

10　使用与维护

10.1　投切电抗器的断路器不宜使用真空断路器。应选用遮断容量满足要求、不易产生遮断过电压的断路器。35kV 及以上电抗器应选用 SF_6 断路器，宜选配相应的操作过电压防范设施。

10.2　应为电抗器配置过电流保护和过负荷保护，以便能快速切除故障，宜选配具有匝间保护功能的保护装置。

10.3　电抗器交接验收及日常运行维护，应按照 GB 50150、DL/T 596、DL/T 393 等标准执行。对于容量在 10Mvar 及以上的电抗器，还应定期开展下列重点试验、检查。

10.3.1　每年测量一次绕组直流电阻，其各相直流电阻与三相平均值相互间的差别不应超过 1.5%。与上次测量值比较，其变化不应超过 1.5%。如果超过 1%时，则应仔细检查是否存在引线断股等异常。

10.3.2　每年进行一次检查维护。检查包封引出线，特别是引线根部应仔细检查，发现断裂应及时补焊修复。使用强光电筒或光纤内窥镜检查电抗器通风道，如果发现堵塞则应及时清理。同时，应尽量观察风道侧边包封绝缘表面有无过热、开裂、鼓包、放电痕迹等异常情况。检查撑条的松紧情况，如发现撑条向上或向下窜动位移较大，如果较松则可尝试用手复位；如果较紧，用手不能复位，则适宜用无纬玻璃丝带浸胶后绑扎固定，不能用外力强制复位。